速通！

深度学习的数学基础

〔日〕赤石雅典◎著

张诚◎译

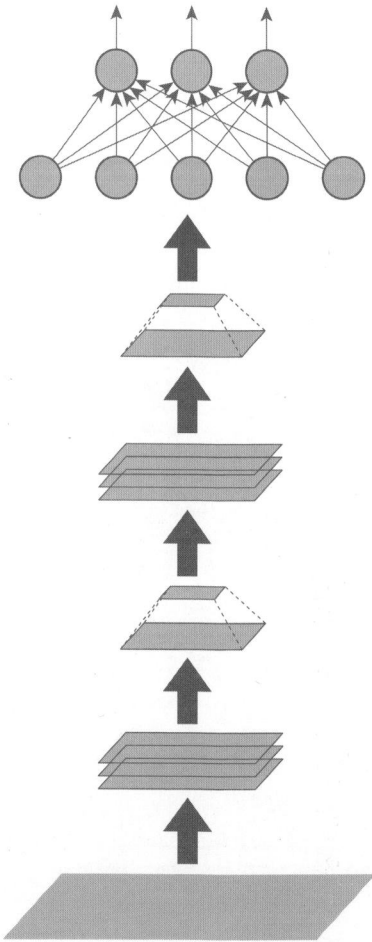

人民邮电出版社

图书在版编目（CIP）数据

速通！深度学习的数学基础 /（日）赤石雅典著 ；
张诚译. -- 北京 ：人民邮电出版社，2025. -- ISBN
978-7-115-65002-3

Ⅰ. O143

中国国家版本馆 CIP 数据核字第 2024NA5319 号

内 容 提 要

　　本书将深度学习涉及的数学领域缩小到最小范围，以帮助读者在最短的时间内理解与深度学习有关的数学知识。全书分为导入篇、理论篇、实践篇和发展篇 4 篇。导入篇系统介绍一些机器学习的入门知识；理论篇包括微积分、向量和矩阵、多元函数、指数函数、概率论等知识；实践篇介绍线性回归模型、逻辑回归模型、深度学习模型；发展篇介绍面向实践的深度学习。本书编程实践中的代码使用 Python 及 Jupyter Notebook 编写，简明易懂，便于读者上手实践。

　　本书适合对深度学习感兴趣的读者、希望通过了解数学基础来学习深度学习的读者阅读。

◆ 著　　　　［日］赤石雅典
　　译　　　　张　诚
　　责任编辑　韩　松
　　责任印制　陈　犇

◆ 人民邮电出版社出版发行　　北京市丰台区成寿寺路 11 号
　　邮编　100164　电子邮件　315@ptpress.com.cn
　　网址　https://www.ptpress.com.cn
　　涿州市京南印刷厂印刷

◆ 开本：700×1000　1/16
　　印张：15.5　　　　　　　2025 年 8 月第 1 版
　　字数：246 千字　　　　　2025 年 8 月河北第 1 次印刷

著作权合同登记号　图字：01-2020-0632 号

定价：69.00 元

读者服务热线：(010)81055410　印装质量热线：(010)81055316
反盗版热线：(010)81055315

目　录

第3章 向量与矩阵 46

第6章 概率与统计 **104**

实践篇

第7章 线性回归模型 **116**

发展篇

导入篇

第 1 章 机器学习入门

本章结构

第1章　机器学习入门　▶▶▶　学习重点　损失函数

本书的目标是"通过数学来理解机器学习和深度学习"。

本章中，我们将用高中数学知识，通过清晰易懂的例子，来说明"到底什么是机器学习和深度学习"和"为什么机器学习和深度学习中非用数学不可"。

1.1　人工智能（AI）与机器学习

所谓人工智能（AI）与机器学习嘛……虽说我们老是听说，但如果问起定义，你能立刻答上来吗？

关于人工智能，据笔者所知还没有通用、明确、严密的定义。如果问起"什么是人工智能"，那一定是众说纷纭。从 1950 年开始，也就是设计"图灵测试[1]"的阿兰·图灵那个时代，人们就试图回答这个问题。实践中也将其称为"规则库系统[2]"，它包含基于知识数据推演来发现答案的方式。不得不说，人工智能这个词表达的范围非常广泛。

与此相对，机器学习所指的内容和操作很明确，一定程度上可以严格定义。本书讨论的内容就是"机器学习"这个概念的内涵。

因此，本书原则上不使用"人工智能"这个词，而代之以"机器学习"来表达，将"深度学习"当作一种特定的"机器学习"的名字即可。至于是怎么个特定法，本章的后半部分会说明。

---

1. 定义：人与隔离的房间里的计算机系统对话，如果无法判断对方是人还是计算机，则这个系统就是"人工智能"。（本书中未注明译者注的脚注均为作者原注。）
2. 历史上最有名的规则库系统是 20 世纪 70 年代开发的名为 MYCIN 的系统。此系统基于已有知识，通过 500 条左右的规则来诊断患者的血液病类型，开出抗生素的处方。据说诊断的正确率达 65%，虽不如专家，但比普通医生更精确。

1.2 机器学习

那么，机器学习到底是什么呢？虽然机器学习所指的东西是很明确的，但是表述的方法因人而异。为了统一认识，以下按照笔者的思路简单说明一下机器学习的定义。

1.2.1 机器学习模型

本书定义的机器学习模型为满足以下两个原则的系统。

原则 1：机器学习模型是对输入数据执行函数输出结果的模型。
原则 2：机器学习模型的操作是通过学习得来的。

下面我们举例说明。请看表 1-1 的鸢尾花数据集，它是从机器学习中经常使用的公开数据抽取特定行、列的关于鸢尾花瓣尺寸的数据。class 表示花的品种，length 表示花瓣的长度，width 表示花瓣的宽度。

表 1-1　2 种鸢尾花瓣的尺寸

class	length/cm	width/cm
0	1.4	0.2
1	4.7	1.4
0	1.3	0.2
1	4.9	1.5
0	1.4	0.2
1	4.9	1.5

这里我们考虑构建模型，只要输入 length 和 width 的值，就能输出品种的名字 class。我们先人工观察一下表 1-1 中的 6 个数据。

```
if width > 1
then class = 1
else class = 0
```

只要实现这样的逻辑，我们就可以构造出一个能正确运转的黑箱。但是，上述根据条件做判断的场景里有人参与，所以不是机器学习。既然是机器学习模型，人只要给模型输入数据就可以了，上述程序里条件的判断标准必须由模型自己发现，也就是前文第 2 条原则"操作是通过学习得来的"的意思。

1.2.2　学习的方法

机器学习模型必须学习，具体来讲有 3 种方法。

监督学习

这种方法在给模型输入用于学习的数据时也输入对应的真实值（即有标签的数据）。

无监督学习

这种方法在输入学习的数据时，没有真实值，让模型自己学出点什么。根据样本数据自动分类的聚类分析就是无监督学习的代表。

强化学习

这是一种介于监督与无监督学习之间的学习法。外部对模型输入观测值，模型根据所谓策略来行动，然后外部给出反馈。模型在输入步骤尚不知道真实值是什么，但后面通过收益就理解了真实值是什么。

以上三种学习方法中，监督学习的原理最简单易懂。本书介绍的便是监督学习。

1.2.3　监督学习与回归和分类

举例来说，预测商店一天销售收入的数值，根据照片判断动物种类的离散值（称为"类别"或"标签"），都是监督学习模型。我们把前者称为回归模型，后者称为分类模型，如图 1-1 所示。本书中对回归模型与分类模型都有介绍。

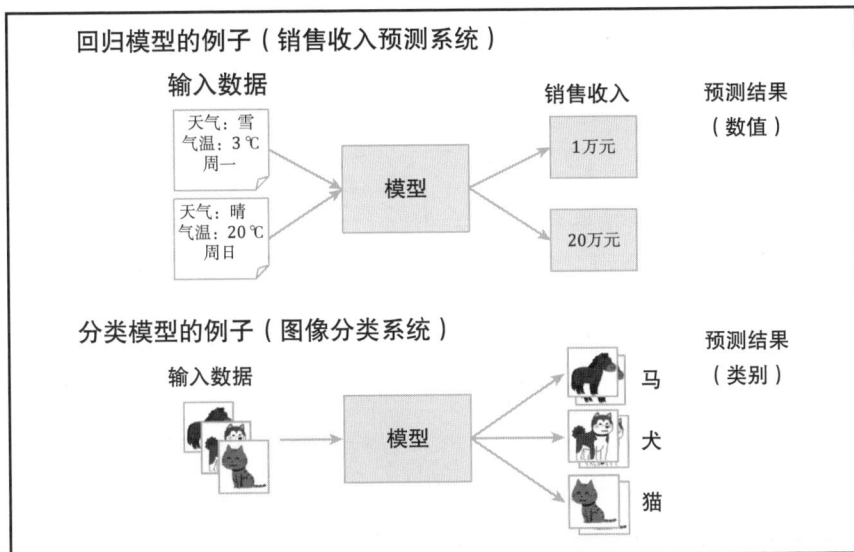

图 1-1　回归模型与分类模型

1.2.4　训练步与预测步

监督学习中，有"训练步"与"预测步"两个步骤。

训练步如图 1-2 所示，我们把样本数据与真实值（标签）作为训练数据输入，构造尽可能精确（预测结果与真实值接近）的模型。

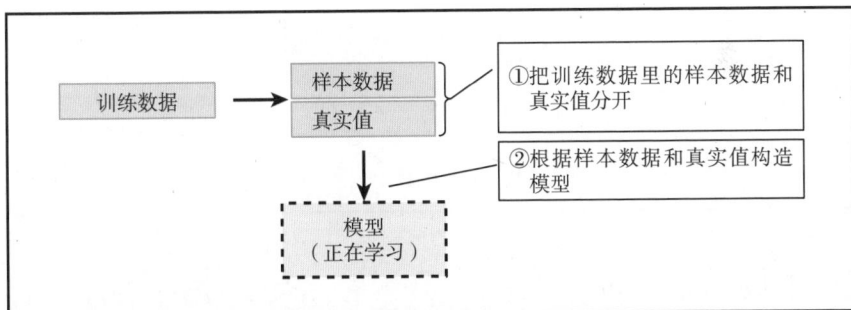

图 1-2　训练步

预测步里我们只输入样本数据，不带真实值（见图 1-3）。机器学习模型用来预测输入样本的真实值是什么，并将其作为系统的输出。

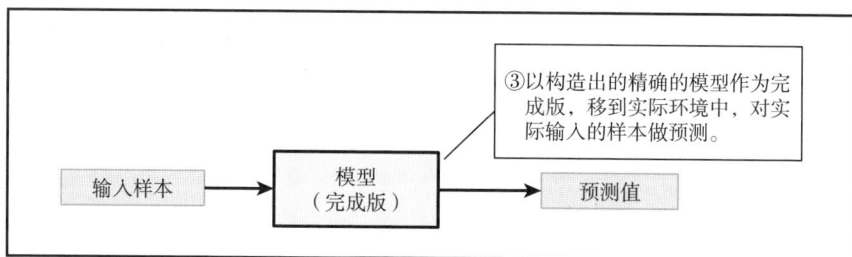

图 1-3　预测步

1.2.5　损失函数与梯度下降法

以上介绍的机器学习模型定义里，并不涉及内部结构，总之机器学习模型是个黑箱，根据外部输入来操作输出。要实现这样的功能，方法多种多样。例如有种分类模型叫作决策树，就是观察数据，自动做出 if then else 的规则，很近似人的思考方法。

但是，本书涉及的模型完全不同，其结构中自带参数，需要做函数的数值计算。因此，我们要以输出为目标，来调整模型中函数的参数。

利用损失函数学习的方法如图 1-4 所示。

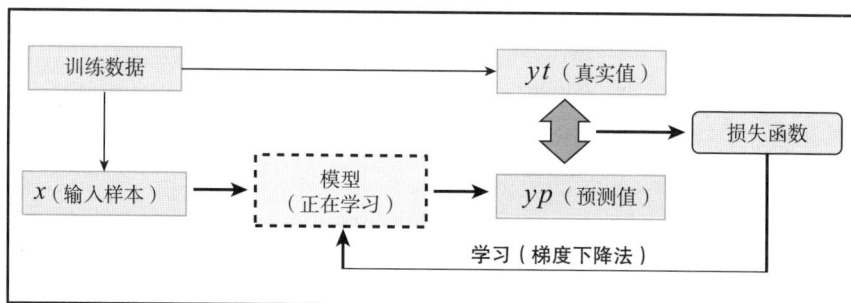

图 1-4　利用损失函数学习的方法

损失函数是表示模型的预测值与真实值（标签）相近程度的指标。两者相差越大，函数值越大。如果对于全部训练数据有 $yp = yt$（预测值 = 真实值），损失函数值就是零。

"梯度下降法"是为了使损失函数值最小，调节模型的参数到最优的算法。

简而言之，这部分的目标就是帮助你理解"损失函数"与"梯度下降法"的思想。现在，光看上面的说明，你可能还是一头雾水，不过一点一点就能懂了。现在请把这两个词和图 1-4 都记住吧。

1.3　机器学习模型初步

我们来举个简单的例题，使你对上一节所说的"损失函数"有个更具体的印象。虽然用"偏微分"推导更省时间，但是本书完全不使用高等数学知识，只需要用高中二次函数之类的数学知识即可说明。读了一遍之后，你就有了"使用基础数学知识来解机器学习模型"的印象。最好继续努力，争取能自己推导出来。

一元回归就是输入一个实数值（x），用模型来预测另一个实数值（y）。比如，输入成年男子的身高（cm），输出体重（kg）。模型的结构叫作"线性回归"。

线性回归是一次函数的预测模型，输入数据记作 x，输出数据记作 y，线性回归的预测表达式如下。[3]

$$y = w_0 + w_1 x \qquad (1.3.1)$$

请看表 1-2 中的前 3 个样本。

表 1-2　学习样本 1

身高 x/cm	体重 y/kg
167	62
170	65
172	67

事实上，由于在数据上做了手脚，可以很容易地得出公式：

$$y = x - 105$$

那么，表 1-3 中的 5 个样本又如何呢？

表 1-3　学习样本 2

身高 x/cm	体重 y/kg
166	58.7
176	75.7
171	62.1
173	70.4
169	60.1

---

3. 通常，一次函数表达为 $y = ax + b$，在机器学习里，a 和 b 称为"权重"，大多用单词 weight 的缩写表示（如 w_0，w_1），本书也沿用。

随着这样的样本数的增加，谁也不知道预测表达式会成什么样子。我们必须用数学方法来解决问题。

首先，把表 1-3 中的样本用散点图表示出来（图 1-5）。

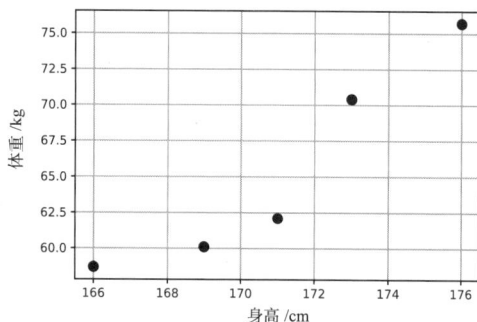

图 1-5　学习样本的 2 维散点图

图 1-6 中，我们画出了一条参数与模型预测值[4]关系的直线。

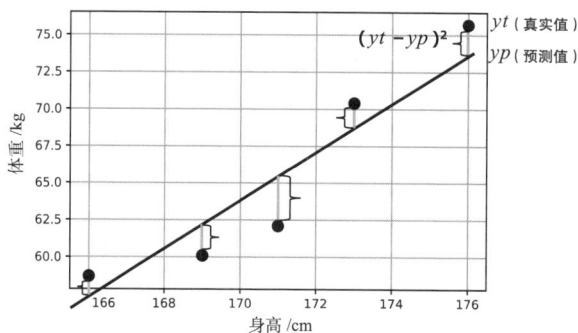

图 1-6　实际值与预测值的误差图

yt 是真实值，yp 是模型的预测值，回归模型的误差就是（$yt-yp$），相当于图 1-6 中的灰色线段。但是，多点的误差有正有负互相抵消，这如何是好？我们考虑把样本的真实值 yt 与预测值 yp 的差做二次方，再对所有点求和作为损失函数来评价。[5]

这种思路叫作"残差平方和"，它就是线性回归模型的标准损失函数。

现在损失函数是什么样子的呢？我们来实际计算一下。预测值用 yp 表示，从式（1.3.1）得到

---

4. 我们还没说预测值的求法。这里的参数值与预测值是暂定的。
5. 解决负值还有一个方法，就是用误差的绝对值，但是这样就没法做微分了，所以实际操作中不使用。

$$yp = w_0 + w_1 x$$

我们把 5 个样本点的坐标表示为 $(x^{(i)}, y^{(i)})$，其中右上角的数字用来区别不同样本点。这样，损失函数 $L(w_0, w_1)$ 就成了下式。

$$
\begin{aligned}
L(w_0, w_1) &= (yp^{(1)} - yt^{(1)})^2 + (yp^{(2)} - yt^{(2)})^2 + \cdots + (yp^{(5)} - yt^{(5)})^2 \\
&= (w_0 + w_1 x^{(1)} - yt^{(1)})^2 + (w_0 + w_1 x^{(2)} - yt^{(2)})^2 + \cdots \\
&\quad + (w_0 + w_1 x^{(5)} - yt^{(5)})^2
\end{aligned}
$$

把上式展开，对 w_0、w_1 进行整理，得到下式。

$$
\begin{aligned}
L(w_0, w_1) &= 5w_0{}^2 + 2(x^{(1)} + x^{(2)} + \cdots + x^{(5)})w_0 w_1 \\
&\quad + (x^{(1)2} + x^{(2)2} + \cdots + x^{(5)2})w_1{}^2 - 2(yt^{(1)} + yt^{(2)} + \cdots + yt^{(5)})w_0 \\
&\quad - 2(x^{(1)}yt^{(1)} + x^{(2)}yt^{(2)} + \cdots + x^{(5)}yt^{(5)})w_1 \\
&\quad + yt^{(1)2} + yt^{(2)2} + \cdots + yt^{(5)2}
\end{aligned}
\tag{1.3.2}
$$

式（1.3.2）是关于 w_0、w_1 的二次式。这个式子里 $w_0 w_1$ 和 w_0 的系数只与输入样本的 x 坐标和 y 坐标有关。然后，我们建立新坐标系，并把原样本点坐标值的平均值当作新原点建立新坐标系，如图 1-7 所示。

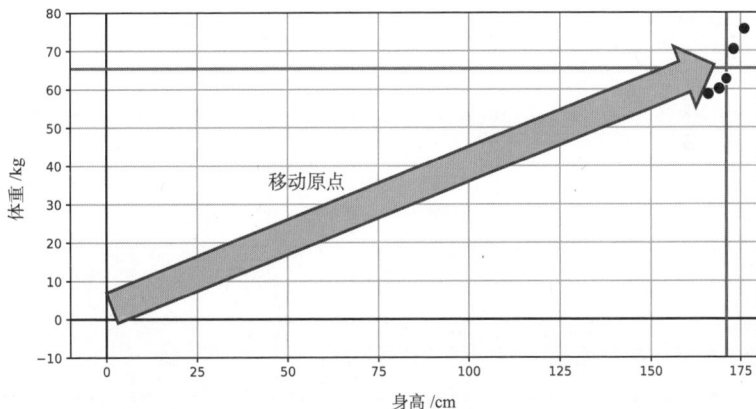

图 1-7　原点的移动

我们来实际计算一下。x 坐标的平均值是 171.0，y 坐标的平均值是 65.4，用 X、Y 表示样本坐标减去它们后得到新的学习样本（表1-4）。

表 1-4　学习样本 3

X	Y
−5	−6.7
5	10.3
0	−3.3
2	5.0
−2	−5.3

在新坐标系上做散点图，如图 1-8。

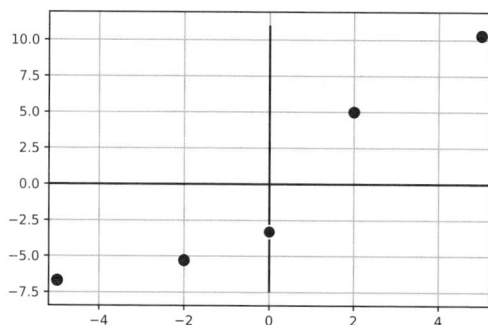

图 1-8　新坐标系上的散点图

新坐标系上的权重记作 W_0、W_1，预测式变成如下式子。

$$Yp = W_0 + W_1 X \qquad (1.3.3)$$

把新坐标系里的表 1-4 的 X、Y 值代入式（1.3.3），具体计算损失函数如下[6]。

$$L(W_0, W_1) = 5W_0^2 + 58W_1^2 - 211.2W_1 + 214.96 \qquad (1.3.4)$$

与 W_0 有关的项只有 $5W_0^2$。这部分在 $W_0=0$ 时取最小值 0。我们把剩余的 $58W_1^2 - 211.2W_1 + 214.96$ 看成 W_1 的二次函数，用配方法来求出最小值。

$$L(0, W_1) = 58W_1^2 - 211.2W_1 + 214.96 = 58\left(W_1^2 - \frac{2 \times 52.8}{29}W_1\right) + 214.96$$

$$= 58\left(W_1 - \frac{52.8}{29}\right)^2 + 214.96 - \frac{2 \times 52.8^2}{29}$$

$$= 58(W_1 - 1.82068\cdots)^2 + 22.6951\cdots$$

6.具体而言，相当于与式（1.3.2）对应，把 x 和 yt 用新坐标系中的 X、Yt 来计算。

据此，我们知道当 $W_1 = 1.82068\cdots$ 时函数取最小值为 $22.6951\cdots$。图 1-9 为 $L(0, W_1)$ 的函数的图像。

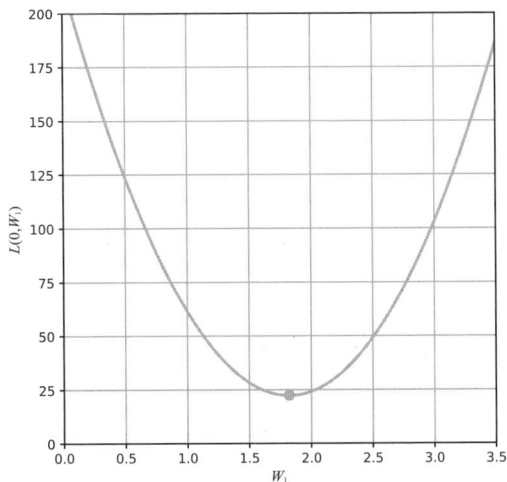

图 1-9　$L(0, W_1)$ 的图像

由此，我们就能得到损失函数（1.3.4）在新坐标系里取最小值的点，即

$$(W_0, W_1) = (0, 1.82068\cdots) \qquad （1.3.5）$$

最佳预测函数与回归直线方程的图像表示

前一节提到，"训练步""预测步"中，"训练步"的目的是计算最佳 W_0, W_1。接下来开始讨论"预测步"。

把前面式（1.3.5）得到的参数值代入式（1.3.3），得到下式。

$$Y = 1.82068X \qquad （1.3.6）$$

这就是本次计算得到的回归模型的预测公式。在原来的散点图里叠加上这条回归直线得到图 1-10。

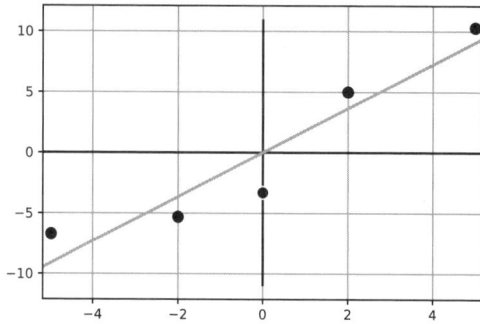

图 1-10 散点图与回归直线（坐标系变换后）

可以看出这 5 个点可用直线近似拟合。最后再把坐标系移回原坐标系，得出原问题对应的回归模型预测公式。

$$x = 171 + X$$
$$y = 65.4 + Y$$

可得

$$X = x - 171 \qquad\qquad (1.3.7)$$
$$Y = y - 65.4 \qquad\qquad (1.3.8)$$

把式（1.3.7）和式（1.3.8）代入式（1.3.6），得到下式

$$y = 1.82068x - 245.936$$

把这个函数图像叠加到原来的散点图上，就有了一条拟合直线，如图 1-11 所示。这个模型叫作**一元线性回归**，它是机器学习里最简单的模型，只需高中数学知识就可以理解了。

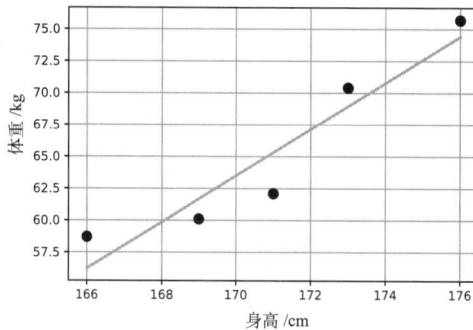

图 1-11 原坐标系上的散点图与预测公式函数图像

1.4 本书中采用的机器学习模型

前一节中谈的是预测数值类型的回归模型，但本书最终目的是深度学习，多为预测离散值类型的分类模型。尽管如此，这里我们先介绍回归模型，是因为它在数学上很优美，理解它可以更容易地理解分类模型。

实现分类功能的模型各种各样，表 1-5 总结了其中的典型模型。

表 1-5 典型分类模型

模型名	概要
逻辑回归	线性回归叠加上 Sigmoid 函数来表达概率
神经网络	在逻辑回归上叠加隐藏层
支持向量机	使二元分类样本值与间隔边界的距离最大化
朴素贝叶斯	用贝叶斯公式根据观察值来更新概率
决策树	把特征按阈值分类
随机森林	使用多棵决策树分类

本书从这些分类模型中选了"**逻辑回归**"和"**神经网络**"作特别介绍。这两种模型有相通点，然后本书的最终目标"**深度学习**"就是这两种模型的进阶版。

我把"逻辑回归""神经网络""深度学习"的共同特点整理如下，可列为（A）到（E）。

（A）模型的结构是事先确定的，只有参数能自由调节。

（B）构建模型过程如下：

　　（1）将各输入值乘以参数（称为"**权重**"）；

　　（2）对乘积求和；

　　（3）把（2）的结果输入函数（称为"**激活函数**"），输出作为最终的预测值（yp）。

（C）通过学习将参数（权重）最优化。

（D）用"**损失函数**"来判断模型对真实值预测的准确度。

（E）用"**梯度下降法**"来获取损失函数中的合适参数。

图 1-12 所示为（B）的模型结构。

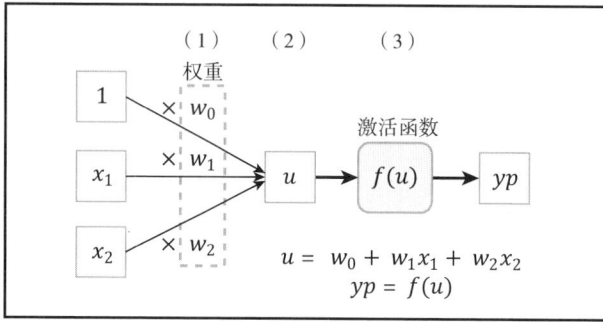

图 1-12 预测模型的结构

逻辑回归是指具有一层图 1-12 结构的模型。神经网络中，在其中间加了一个"隐藏层"，形成两层的结构（图 1-13）。

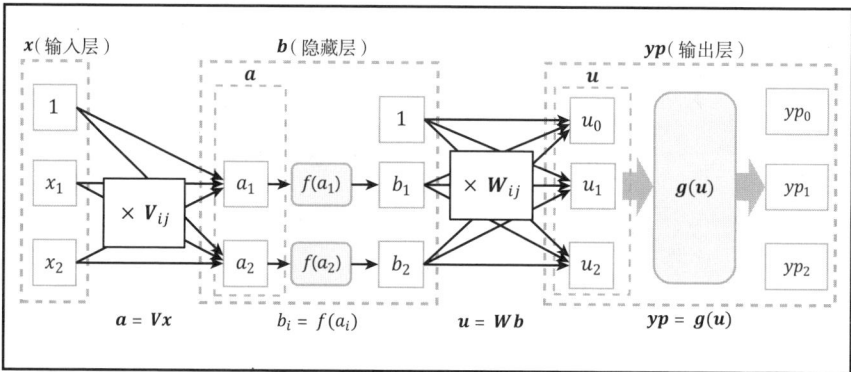

图 1-13 神经网络模型的结构

具有三层以上（含两层隐藏层以上）的学习模型一般叫作深度学习模型。这里的三个模型层数不同，预测、学习的方式基本相同。[7]

其实前文介绍的所谓"线性回归"模型，不是分类模型，而是回归模型，但它与现在介绍的分类模型非常相似，只不过缺少（B）-（3）的激活函数，此外从（A）到（D）全都满足。（图 1-14[8]）

也就是说，仅从预测公式的结构来看，线性回归模型可算是逻辑回归系列分类模型的前置。

---

7. 之所以叫"神经网络"，是因为它是以大脑中神经细胞的生物学结构为基础来考虑的数学模型。"层"的结构对应神经细胞，只有"输入层""输出层"之间细胞直接相连的模型是"逻辑回归"，在"输入层""隐藏层""输出层"间有两段层间细胞相连的模型是"神经网络"，包含两个以上"隐藏层"、有 3 段以上层间细胞相连的复杂结构模型叫作"深度学习"。

8. 关于（E），虽然使用"梯度下降法"是可以解题的，但是涉及的数学比较难，所以前文在高中数学知识范围内使用了配方法求解。

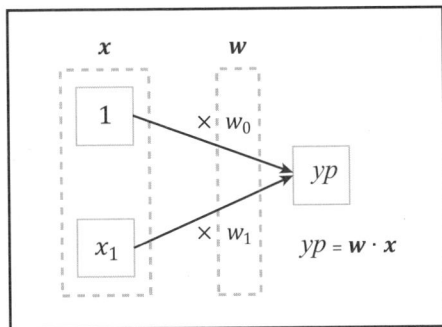

图 1-14　线性回归模型的结构

　　这些内容在本书后面的实践篇开头的线性回归模型里都有，此后是分类模型的逻辑回归模型、神经网络，进一步延拓为深度学习。我想以这样方式介绍机器学习模型的进化历程。

1.5　机器学习与深度学习中数学的必要性

　　本书的实践篇以分类模型为中心，以损失函数为线索，求解最优参数，使用的是 1.3 节说明的回归模型的基本思想。

　　1.3 节中的模型是一次函数和二次函数，但是之后的预测函数和损失函数形如下式，这使得运算理解难度大大提高。

Sigmoid 函数：

$$f(u) = \frac{1}{1 + \exp(-u)}$$

[$\exp(x)$ 是以自然常数为底的指数函数]

预测函数：

$$u(x_1, x_2) = w_0 + w_1 x_1 + w_2 x_2$$

$$yp = f(u)$$

损失函数：

$$L(w_0, w_1, w_2) = -\frac{1}{M} \sum_{m=0}^{M-1} [yt^{(m)} \ln f(u^{(m)}) + (1 - yt^{(m)}) \ln(1 - f(u^{(m)}))]$$

（$\ln x$ 是以自然常数为底的对数函数）

对于**自然常数**是什么，**指数函数**和**对数函数**又是什么，**微分**什么样，如果掌握的数学知识量还不到高三的水平，那还真是束手无策。然后，即使是比分类模型简单的线性回归模型，也有不只用身高，还加上胸围等数据精确地预测体重的**多元回归模型**。对于这种模型，1.3 节中介绍的"平移坐标系→二次函数的平方法"这种高一水平的解题方法就搞不定了。至少，**多元函数中**的**偏微分**的概念必不可少。

无论如何，如果我们想要理解线性回归和逻辑回归系列的机器学习模型，就必须保证对数学理解到一定程度。更何况，如果想理解进阶版的深度学习模型，数学就更必要了。

1.6 本书的结构

前文讲了数学的必要性，本书是理解深度学习的捷径。我在理论篇里介绍了最低限度需要掌握的数学概念。在实践篇里，使用理论篇介绍的数学知识，高效地学习机器学习和深度学习的精华。

各部分的详细结构如下。本书的结构在插页里面，请在阅读过程中随时回顾。

理论篇

理论篇里我将要介绍的是数学的理论体系，也包括数学的演进、深度学习必要的数学概念和公式。这一部分会包含大学程度的内容，以高中生的数学水平也能理解大部分。本书里我选取机器学习和深度学习必要的概念，建立分析体系，使大家尽可能地理解这些概念。

在此目标下，我删掉了很多一般教科书里写的内容（例如三角函数的微分、逆矩阵、特征值、特征向量等）。请看好，本书是直奔目的地去的。

图 1-15 是理论篇全体概念之间的关系。第 2 章"微分与积分"与第 3 章"向量与矩阵"相互独立，但是第 4 章及以后都依赖这两章。

图 1-16~图 1-20 表示各章内部概念之间的关系。有"学习重点"标记的方框在实践篇里会直接使用，是实现深度学习必需的概念。另外，灰色方框表示这是非常重要的概念，所以请好好理解。对基础部分已经大体了解的读者，如果阅读重要的部分时有不明白的，也可以沿着这个图追溯不明白的部分。

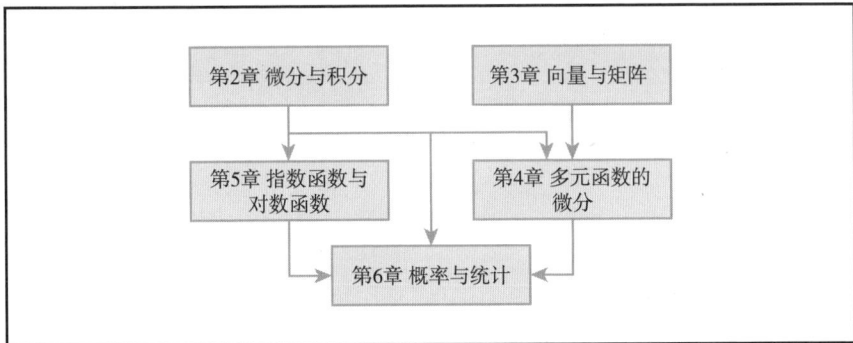

图 1-15　理论篇的结构

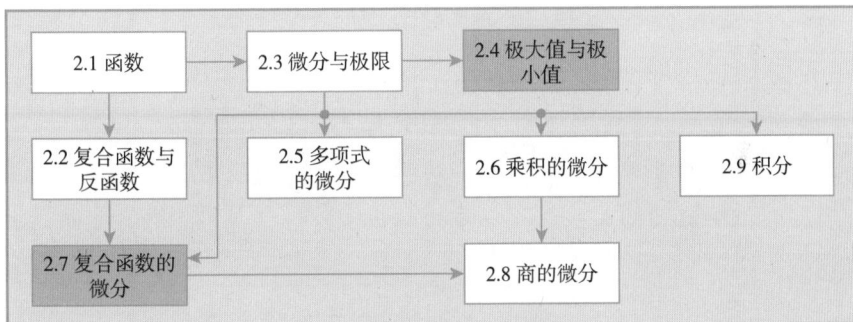

图 1-16　第 2 章概念之间的关系

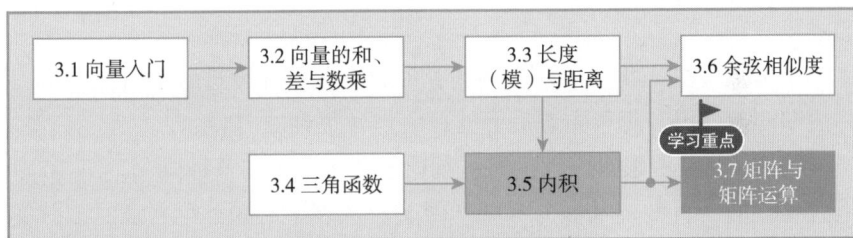

图 1-17　第 3 章概念之间的关系

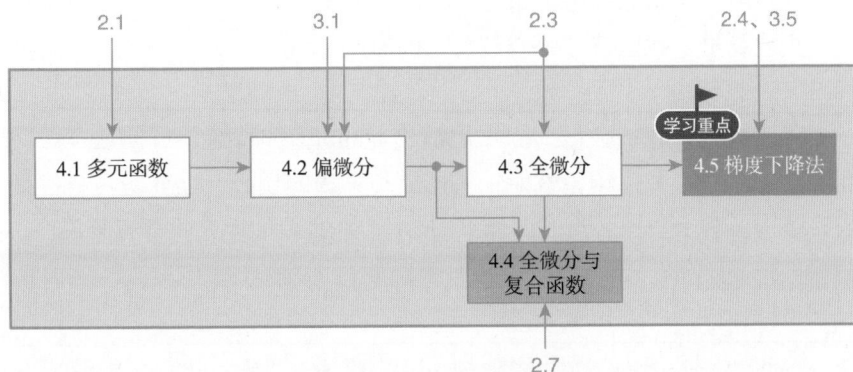

图 1-18　第 4 章概念之间的关系

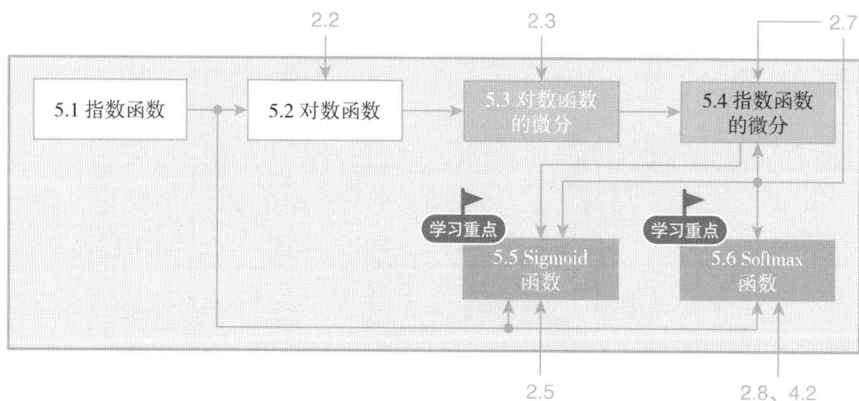

图 1-19　第 5 章概念之间的关系

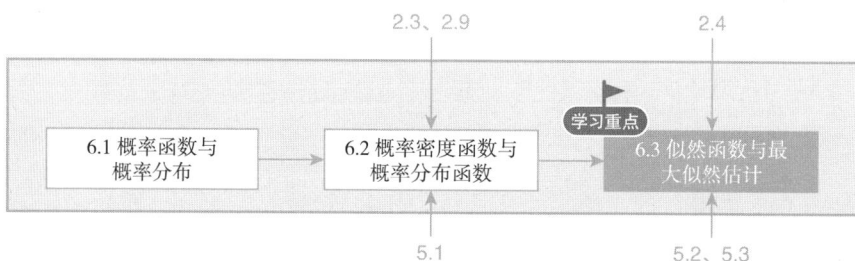

图 1-20　第 6 章概念之间的关系

实践篇

在实践篇里，我会按章出例题，沿着主题循序渐进，学习机器学习算法和实现代码。每个主题后面的章节包含很难的内容。

我画了表 1-6 来对应理论篇里阐述的"必需"的各种概念。第 10 章里就是我们一直期望掌握的深度学习了。从表中可知，第 9 章的多分类与第 10 章的深度学习在必需的概念上几乎没有区别。请一章一章阅读，一步一步前行，总能到达"深度学习"的山顶。

实践篇里，我坚持"码码致知"的原则。各章的最后一节都会附上代码。

在实践里，我们会最大限度地活用 NumPy[9] 的特点，目标是"无循环编程"。一实践操作，就能轻易读懂各算法的核心，也容易明白各算法的结构。对于实操必需的 NumPy 技术，在必要的地方我都有解说。

---

9. NumPy 是 Python 中做数值运算的模块，特别适合向量和矩阵计算，是用 Python 做机器学习和深度学习编程的必需模块。

表 1-6　必需的数学概念与机器学习和深度学习的关系

学习重点

实现深度学习必需的概念	第1章 回归1	第7章 回归2	第8章 二分类	第9章 多分类	第10章 深度学习
1　损失函数	○	○	○	○	○
3.7　矩阵与矩阵运算				○	○
4.5　梯度下降法		○	○	○	○
5.5　Sigmoid 函数			○		○
5.6　Softmax 函数				○	○
6.3　似然函数与最大似然估计			○	○	○
10　误差逆传播					○

　　从下一章开始我们就要进入理论篇了。因为设定是从高一的数学水平开始，只要花工夫详细阅读，一定可以融会贯通。虽然包含了部分稍微有难度的叙述，但为了理解深度学习那也必不可少。请抱有这种意识前进吧。

理论篇

第 2 章　微分与积分

本章结构

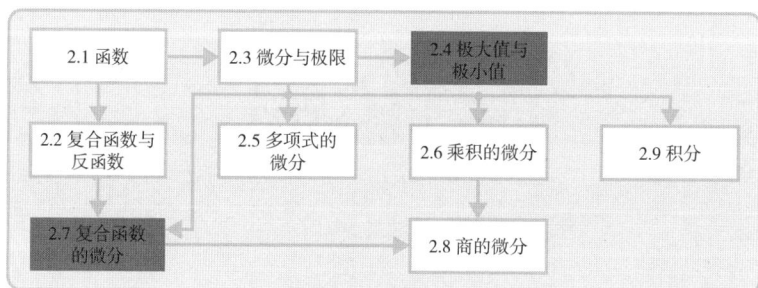

我们在前一章里谈到过，机器学习和深度学习的基本原理是要发现使损失函数取得最小值的参数。具体而言就是利用梯度下降法，这种算法的数学基础是微分。因此，要想深刻理解机器学习和深度学习，就不能不理解微分。

虽然微分的公式看起来很复杂，但是如果懂得原理，自己推导也是顺理成章的。因此，理论篇就从微分开始介绍。

本章的最后，因为与概率有关，会介绍一点积分的知识。

2.1　函数

2.1.1　什么是函数

在学习微分之前，我们先从理解"什么是函数"开始吧。

请看图 2-1，这个图模式化地描述了函数的概念。中间的箱子就是函数。把一个实数输入这个箱子，它就能产出这个实数的输出值。

例如

输入：1 → **输出**：2

输入：2 → **输出**：5

就是这个样子。

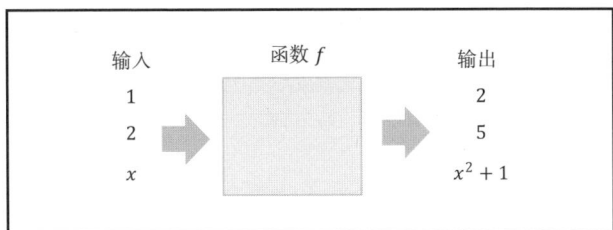

图 2-1　函数的概念

如果把函数命名为 f，上述操作就可以这么表达：

$$f(1)=2$$
$$f(2)=5$$

只看上面的操作，我们还搞不懂函数里面究竟是怎么产出输出值的，下面的式子将为我们揭晓答案。

一输入实数 x，函数就用 x^2+1 的式子计算输出。实际上，把 $x=1$ 代入 x^2+1 里就能得到 2，把 $x=2$ 代入就能得到 5，这样我们就明白了。函数的解析表达式就是

$$f(x)=x^2+1，\text{这种形式在函数里广泛使用。}$$

2.1.2　函数图像

我们可以把各种各样的 x 值代入函数 $f(x)$，来研究返回的函数值。进一步，我们可以把 x 对应的函数值叫作 y，点（x, y）便可以在二维平面上画出来。

现在，把 x 的取值间隔一点点缩小，我们知道，对于一般的函数，最后都能得到连续的曲线[1]。这里得到的连续曲线，我们称它为函数 $y=f(x)$ 的图像，如图 2-2 所示。

---

1. 这是非常直观的结论。在数学上，我们有必要定义"什么是连续"。遵循数学分析上严格的连续性的定义，我们也可以得出"不连续的函数"。这些需要大学的数学分析知识，这里就不深入探究了。

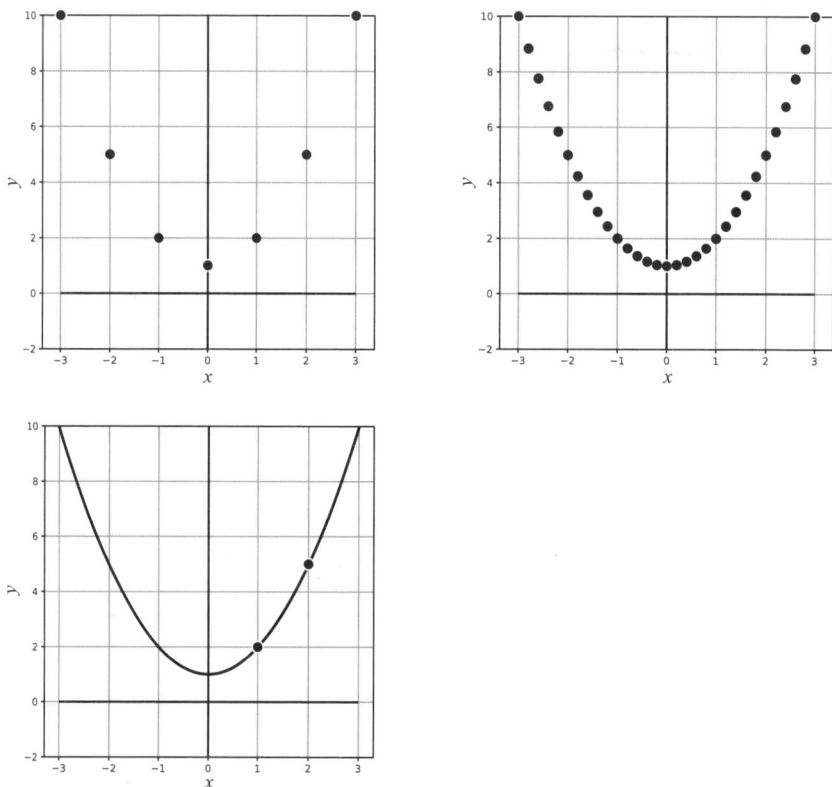

图 2-2　点 $(x, f(x))$ 的图像（上面两个图）与函数 $y = f(x)$ 的图像（下图）

2.2　复合函数与反函数

复合函数与反函数是关于函数的非常重要的概念。复合函数是把函数作为输入，配上参数，叠加处理的函数。通俗地讲，复合函数就是函数套函数，是把几个简单的函数复合成一个较为复杂的函数。在机器学习和深度学习里，复合函数是经常用到的计算模式的基本原理。

学习深度学习时必不可少的还有指数函数和对数函数，要想理解它们，反函数是必须要理解的概念。

本节里我们介绍这两个重要概念。

2.2.1　复合函数

请看图 2-3，现在我们有 $f(x)$ 和 $g(x)$ 两个函数，其中

$$f(x) = x^2 + 1 \, , \ g(x) = \sqrt{x} \ 。$$

这时，把函数 $f(x)$ 的输出作为 $g(x)$ 的输入，我们就可以把这两个函数组合成为一个新函数。这样组成的新函数就叫作**复合函数**。

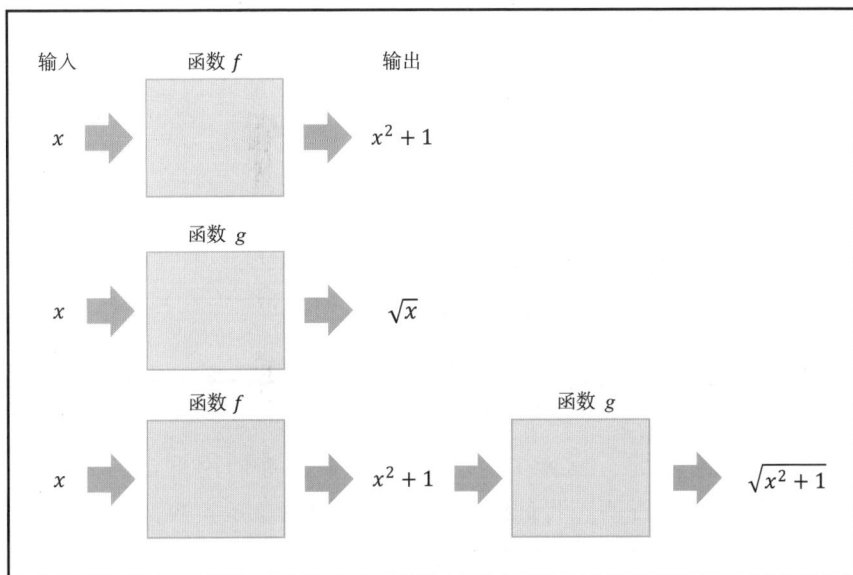

图 2-3　复合函数的概念

我们把由这两个简单函数组合成的新的复合函数写成 $h(x)$，即

$$h(x) = g(f(x))$$

复合函数这一思考方式，在考察复杂函数的微分时很重要。例如，对 $h(x) = \sqrt{x^2+1}$ 这个函数求微分很难，如果我们把它当成简单函数的组合来考虑

$$f(x) = x^2 + 1$$
$$g(x) = \sqrt{x}$$

计算微分就变得简单了。这种思路在机器学习和深度学习里会反复利用。

2.2.2　反函数

现在，我们考虑如下这样一种情形：

输入：$f(x)$ 的输出

输出：$f(x)$ 的输入

即这个函数可以给出与 $f(x)$ 反向的结果，如图 2-4 所示。

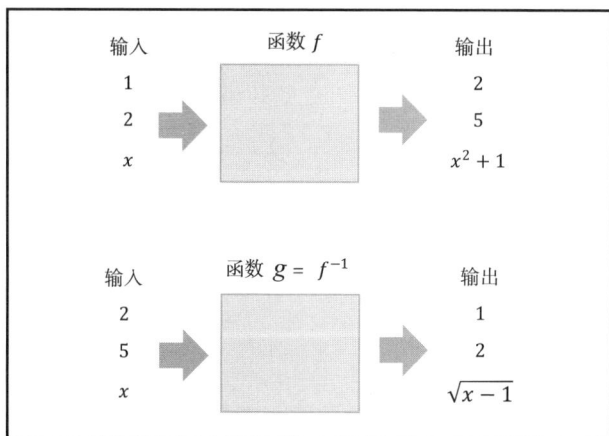

图 2-4　反函数的概念

这样的函数如果存在的话，它就叫作 $f(x)$ 的**反函数**，与 $f(x)$ 对应，写成 $f^{-1}(x)$。

需要注意的是，反函数并非总是存在，我们用图 2-4 中 $f(x) = x^2 + 1$ 的例子来说明。我们认为原函数的输入总是实数，有 $f(1) = 2$，$f(-1) = 2$，这就存在两个 x 值使得输出结果都是 2，因此反函数的值没法唯一确定。

这样的情况下，可以对原函数限定 x 的范围。如上例，把原函数 x 的范围限定在 $x \geqslant 0$。这样一来，满足 $f(x) = y$ 的 x 便唯一确定，所以就能确定反函数了。反函数的具体求法如下。

- 把原函数的表达式 $y = x^2 + 1$ 中的 x 和 y 交换
- 把交换后的式子 $x = y^2 + 1$ 改写成用 x 表示 y 的形式

如上例的情况就是 $y^2 = x - 1$，所以就变成 $y = \sqrt{x - 1}$。

另外，在对原函数限定 x 的范围时，也可以设 $x \leqslant 0$，那么反函数就变成 $y = -\sqrt{x - 1}$ 了。

反函数的图像

在 $f(x)$ 能确定反函数 $g(x) = f^{-1}(x)$ 的情况下，我们来考虑一下这两个函数图像之间是否有关系。

设点 (a, b) 是 $y = f(x)$ 图像上的点，这样就意味着 $f(a) = b$ 关系成立。那么根据反函数的定义，$g(b) = a$ 的关系自然也成立。如此便可得

到 $y=g(x)$ 上的点与 $y=f(x)$ 上的点关于直线 $y=x$ 对称。因此,反函数 $y=g(x)$ 的图像与原函数 $y=f(x)$ 的图像关于直线 $y=x$ 对称,如图 2-5 所示。这样的性质在后面求反函数的微分公式时会用到。

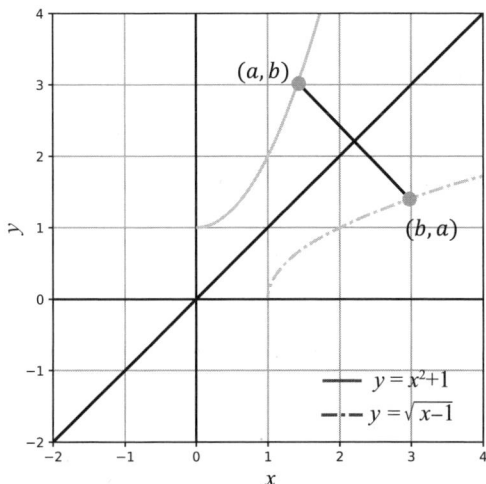

图 2-5 反函数的图像

2.3 微分与极限

在前两节中我们介绍了函数的概念,本节开始介绍微分。

2.3.1 微分的定义

直观地说,微分是什么呢?

以函数图像上一点为中心,把图像无限放大,此时图像便无限接近直线。这时直线的斜率就叫作微分。这条直线与图像的切线是一回事。

事实上,用直线逼近图像的过程如图 2-6 所示。这个是 $y=x^3-x$ 的图像,以点 $\left(\dfrac{1}{2}, -\dfrac{3}{8}\right)$ 为中心不断放大而成的模样。

那么这条直线的斜率到底是多少?怎么才能求得呢?这时使用的是名为**极限**的思想。

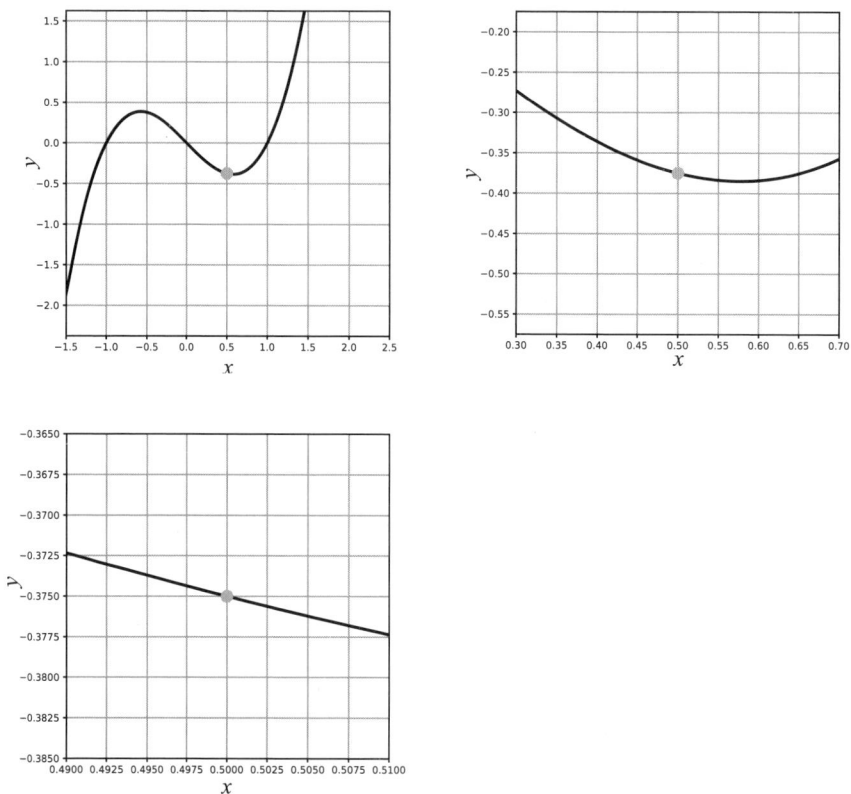

图 2-6 把 $f(x)=x^3-x$ 的图像逐渐放大

在函数图像上取两点 $(x, f(x))$ 和 $(x+h, f(x+h))$，两点间用直线相连，如图 2-7 所示。一看便知，图像上连接两个点 $(x, f(x))$ 和 $(x+h, f(x+h))$ 的直线的斜率可以表示为

$$\frac{f(x+h) - f(x)}{h}$$

令 h 无限接近于 0，直线的斜率就是函数 $f(x)$ 的微分。微分有好几种表示方法，我们这里用最常用的 $f'(x)$ 来表示。所谓无限接近的操作，在数学上用 lim 表示，所以最终计算微分的式子为

$$f'(x) = \lim_{h \to 0} \frac{f(x+h) - f(x)}{h}$$

在上述 $f(x)=x^2+1$ 的例子中，微分的计算过程如下。

$$f'(x) = \lim_{h \to 0} \frac{f(x+h) - f(x)}{h} = \lim_{h \to 0} \frac{[(x+h)^2+1] - (x^2+1)}{h}$$

$$= \lim_{h \to 0} \frac{2xh + h^2}{h} = \lim_{h \to 0} (2x + h) = 2x$$

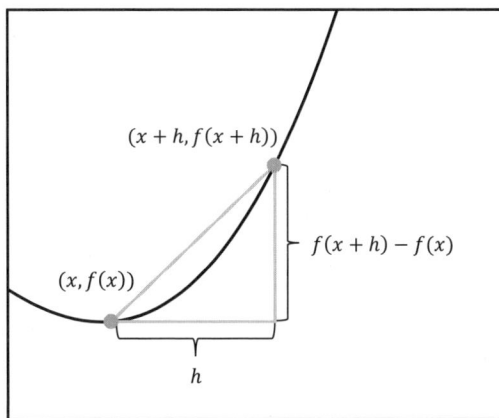

图 2-7　函数图像上连接两点的直线

　　微分的写法除了 $f'(x)$ 这种形式外，还有 y'、$\dfrac{\mathrm{d}y}{\mathrm{d}x}$、$\dfrac{\mathrm{d}}{\mathrm{d}x}f(x)$ 这几种表示方式。本书里根据需要分别使用了不同的表示方式。在这些符号中特别值得注意的是 $\dfrac{\mathrm{d}y}{\mathrm{d}x}$。

　　所谓微分，最终可以说是"表现 x 稍微增加时，y 增加的比例"。我们把稍微增加用 Δ 这个符号来表示，即

$$\lim_{\Delta x \to 0} \frac{\Delta y}{\Delta x}$$

$\dfrac{\mathrm{d}y}{\mathrm{d}x}$ 这种表示，用 **dy** 和 **dx** 分别代替 Δy 和 Δx，可以使表达更直观易懂、一目了然。事实上，从本章开始后面出现的好几个微分公式里，用这个记号都更清楚。[2]

2.3.2　微分与函数值的近似

　　在图 2-8 中，我们把前面展示的函数图像无限放大，曲线变成了直线。在这个状态下，x 接近于 $x + \mathrm{d}x$。请思考一下当 x 的值只少量增加时，函数值 $f(x)$ 会变化多少呢？

---

2. 虽然不能严格地证明，但可以通过直觉理解。

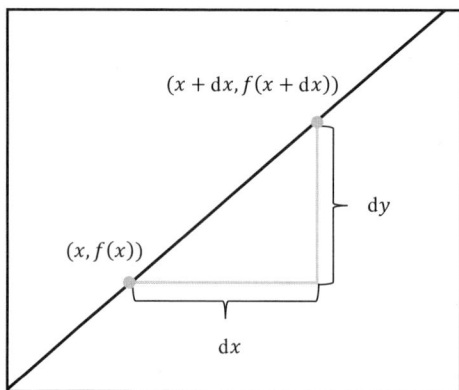

图 2-8　微分与函数值的近似

我们已知函数微分的表达式为

$$f'(x) = \lim_{h \to 0} \frac{f(x+h) - f(x)}{h}$$

当 h 为无穷小时，$f(x+h) - f(x) \approx hf'(x)$。如果把 h 当成同样小的量 dx 来考虑，那么

$$dy = f(x + dx) - f(x) \approx f'(x)dx \qquad (2.3.1)$$

因此我们说，**对于函数 $f(x)$，在 x 的值稍微变化 dx 的情况下，$f(x)$ 的变化量 $f(x + dx) - f(x)$ 等于 $f'(x)dx$。**

以后式（2.3.1）会在导出各种各样的微分公式时使用，请务必从图像上理解它。

2.3.3　切线方程

根据前文的微分定义，$y = f(x)$ 图像上点 $(a, f(a))$ 处切线的斜率是 $f'(a)$，如图 2-9 所示。

过点 (p, q) 且斜率为 m 的直线方程是

$$y = m(x - p) + q \qquad (2.3.2)$$

将此式中的 p、q、m 进行如下交换

$$p \to a$$
$$q \to f(a)$$
$$m \to f'(a)$$

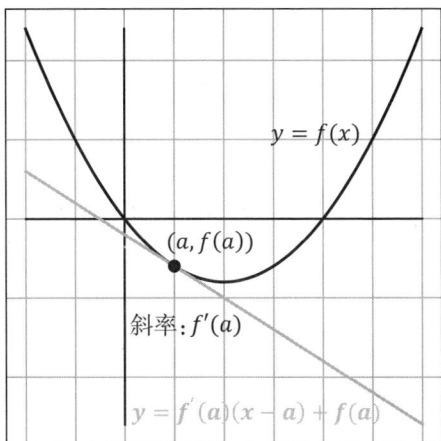

图 2-9　切线的方程

就能得到切线的方程。

$$y = f'(a)(x - a) + f(a) \qquad (2.3.3)$$

专栏 切线方程与训练步和预测步

现在我们用导出的切线方程式（2.3.3）来试试解决以下问题吧。

已知函数 $f(x) = x^2 - 4x$。

（1）求过点（ -2 ，3）的切线的方程。将切点的 x 坐标记为 a ，有 $a > 0$。

（2）求（1）中的切线与 y 轴的交点的坐标。

（1）

$$f'(x) = 2x - 4$$

在 $x = a$ 处函数的切线方程如下：

$$y = (2a - 4)(x - a) + (a^2 - 4a) = (2a - 4)x - a^2$$

故而

$$y = (2a - 4)x - a^2 \qquad (2.3.4)$$

把 $(x, y) = (-2, 3)$ 代入上式

$$3 = (2a - 4)(-2) - a^2 = -a^2 - 4a + 8$$
$$a^2 + 4a - 5 = (a + 5)(a - 1) = 0$$

因为 $a > 0$，故 $a = 1$。

把 $a = 1$ 代入式（2.3.4），得

$$y = -2x - 1$$

（2）

把 $x = 0$ 代入 $y = -2x - 1$，得 $y = -1$。

故而

$$(x, y) = (0, -1)$$

虽然这是教科书上关于微分的典型题目，但也是机器学习中容易失误的点。求解的重点在于式（2.3.4）的使用。此式中包含 x、y、a 3 个字母。在最初的步骤中，为了求 a 而把 x 和 y 的值代入方程，因此这一步 x 和 y 固定，a 是变量，当然解的是关于 a 的方程。

当 a 的值确定下来后，再把 a 同样代入式（2.3.4），这时 x 和 y 反而成了变量，所以用 x 与 y 的关系式 $y = -2x-1$ 和 $x = 0$ 就能求 y 的值了。

也就是说，对于**同样的式（2.3.4）**，我们会在无意中反复思考谁是常数，谁是变量，在本书的实践篇里，对于具体模型使用梯度下降法来优化参数时，与此刻用的是一模一样的方法。

所谓**训练步**，是用观测的 x（输入值）和 y（输出值）来决定最优的参数（例题里的 a）的步骤，相当于本题的（1）步骤。而在**预测步**里，参数值固定，x 和 y 反而在变动，就相当于本题的（2）步骤。于是，在预测步里利用 x 的值就能预测 y 的值了。

总结以上就是：

训练步：x 和 y 的观测值固定，参数变化。

预测步：参数固定为最优值，x 与 y 遵循包含变量与常量的模式变动。

在本书后半部分的实践篇里请特别注意这一点。

2.4　极大值与极小值

如上一节的最后所说，x 的值稍微增加 $\mathrm{d}x$ 时，$f(x)$ 的增量等于 $f'(x)\mathrm{d}x$。因此，在 $f'(x)$ 的值恰好是 0 的地方，$f(x)$ 当然就不增不减了。

的确如此，$f'(x) = 0$ 的地方，函数的形状要么是山顶，要么是谷底。与图像的形状相对应，这些点被称为极大值点或极小值点，而此时的函数值就叫作极大值或极小值。

该点是极大值点还是极小值点，是根据该点前后微分值的正负来决定的。具体关系请参见图 2-10。

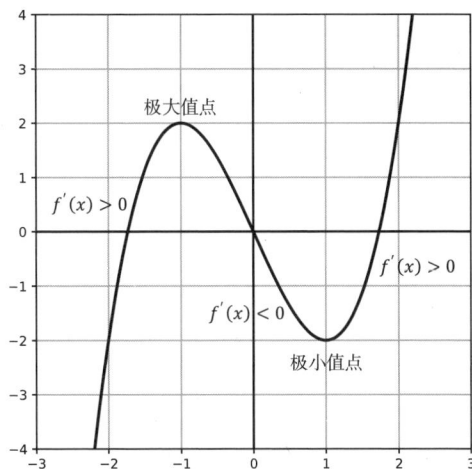

图 2-10 $y = x^3 - 3x$ 函数图像的极大值点和极小值点

在某些情况下，微分值是 0 的点既不是极大值点，也不是极小值点，如图 2-11 所示。

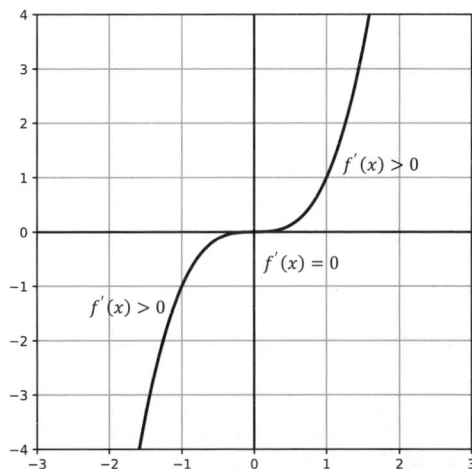

图 2-11 既非极大值点也非极小值点的例子（$y = x^3$ 的函数图像）

本节有个重要结论，函数 $f(x)$ 的微分 $f'(x)$ 取 0 的点，函数可以取到极大值或极小值。这个原理是本书后半部分实践篇中**梯度下降法**的基本原理。

2.5 多项式的微分

从这里开始，我们尝试介绍各种各样的微分公式。首先是多项式的微分。$f(x)=x^2+1$ 的微分在 2.3 节已经计算过了，其他的多项式又如何呢？

2.5.1 x^n 的微分

首先我们考虑 $f(x)=x^n$ 的微分。

根据二项式定理[3]

$$(x+h)^n = x^n + C_n^1 x^{n-1} h + C_n^2 x^{n-2} h^2 + \cdots$$

$$(x+h)^n - x^n = (x^n + C_n^1 x^{n-1} h + C_n^2 x^{n-2} h^2 + \cdots) - x^n =$$

$$nhx^{n-1} + \frac{n(n-1)}{2} h^2 x^{n-2} + \cdots$$

因此

$$f'(x) = \lim_{h \to 0} \frac{f(x+h)-f(x)}{h} = \lim_{h \to 0} \frac{nhx^{n-1} + \dfrac{n(n-1)}{2} h^2 x^{n-2} + \cdots}{h}$$

$$= \lim_{h \to 0} (nx^{n-1} + \frac{n(n-1)}{2} hx^{n-2} + \cdots) = nx^{n-1}$$

故而

$$\frac{\mathrm{d}}{\mathrm{d}x}(x^n) = nx^{n-1}$$

这就是 $f(x)=x^n$ 的微分公式。

2.5.2 微分的线性属性以及多项式的微分

$f(x)$ 和 $g(x)$ 作为 x 的函数，p 和 q 作为实数，下式成立。

$$(p \cdot f(x) + q \cdot g(x))' = p \cdot f'(x) + q \cdot g'(x) \qquad (2.5.1)$$

---

3. 本节最后的专栏会解释为什么这样。

这种性质称为"线性"。[4]

下面我们实际计算一下。根据微分的定义，有以下式子：

$$(p \cdot f(x) + q \cdot g(x))' = \lim_{h \to 0} \frac{(p \cdot f(x+h) + q \cdot g(x+h)) - (p \cdot f(x) + q \cdot g(x))}{h}$$

$$= \lim_{h \to 0} \left(p \cdot \frac{f(x+h) - f(x)}{h} + q \cdot \frac{g(x+h) - g(x)}{h} \right)$$

$$= p \cdot f'(x) + q \cdot g'(x)$$

微分计算是线性的，再加上前面得到的 x^n 的微分公式，就能得到下面的多项式的微分公式。

$$f(x) = a_n x^n + a_{n-1} x^{n-1} + \cdots + a_1 x + a_0$$

$$f'(x) = na_n x^{n-1} + (n-1)a_{n-1}x^{n-2} + \cdots + a_1 \qquad (2.5.2)$$

下面我们试试用式（2.5.2）来计算 2.3 节中图 2-7 所示的函数图像的微分。这里的函数是

$$f(x) = x^3 - x$$

使用式（2.5.2），得

$$f'(x) = 3x^{3-1} - 1x^{1-1} = 3x^2 - 1$$

求 $x = \frac{1}{2}$ 处切线的斜率，将 $x = \frac{1}{2}$ 代入得

$$f'\left(\frac{1}{2}\right) = 3 \times \left(\frac{1}{2}\right)^2 - 1 = -\frac{1}{4}$$

此时我们知道了该点的斜率是 $-\frac{1}{4}$。从图 2-6 左下的图中也能确认这一数值。

2.5.3　x^r 的微分

现在我们计算 $f(x) = \frac{1}{x}$（即 x^{-1}）的微分。

---

4. 微分计算中还有其他"线性"成立的例子，如经过原点的一次函数（线性函数名字的由来）、向量的内积运算（在第 3 章说明）等等。

$$f'(x) = \lim_{h \to 0} \frac{\frac{1}{x+h} - \frac{1}{x}}{h} = \lim_{h \to 0} \frac{1}{h} \frac{x - (x+h)}{x(x+h)} = -\lim_{h \to 0} \frac{1}{x(x+h)} = -\frac{1}{x^2}$$

再试试计算 $f(x) = \sqrt{x}$（即 $x^{\frac{1}{2}}$）的微分（计算过程中把分子分母同乘了 $\left(\sqrt{x+h} + \sqrt{x}\right)$）。

$$f'(x) = \lim_{h \to 0} \frac{\sqrt{x+h} - \sqrt{x}}{h} = \lim_{h \to 0} \frac{(x+h) - x}{h\left(\sqrt{x+h} + \sqrt{x}\right)} = \lim_{h \to 0} \frac{1}{\sqrt{x+h} + \sqrt{x}}$$

$$= \frac{1}{2\sqrt{x}}$$

由此，推广到任意情况下有

$$f'(x) = rx^{r-1} \qquad\qquad (2.5.3)$$

事实上，在 $f(x) = x^r$ 的微分公式（2.5.3）里，r 不仅可以取自然数，还可以取负整数、有理数，进一步对于包括无理数在内的任意实数，我们知道它都是成立的。

专栏 组合与二项式定理

可能有读者会问"什么是二项式定理呀？"虽然这是微分的题外话，但我还是简单说明一下。

所谓 C_n^k（组合），意思是"从 n 个不同的东西里选出 k（$k \leqslant n$）个的组合数"。例如 C_5^2 就是从 A、B、C、D、E 5 个人中选 2 人为一组，有几种组合方式的意思。

$$C_n^k = \frac{n!}{k!(n-k)!}$$

$$(n! = n \times (n-1) \times \cdots \times 2 \times 1)$$

为什么是这样计算？我们从前面的具体例子 C_5^2 考虑看看。

首先，考虑 5 个人排列的方法，全部的可能有 $5! = 120$ 种。

其次，考虑从 5 人排列中选取打头的 2 人。若选 B 和 D，则有 BDxxx 的情况，也有 DBxxx 的情况，这种情况我们数了两次（2!）。对于后面的 xxx，A、C、E 轮换有 $3! = 6$ 次重复。把这些重复除掉可得

$$\frac{5!}{2! \times 3!} = \frac{5 \times 4 \times 3 \times 2 \times 1}{2 \times 1 \times 3 \times 2 \times 1} = 10 \text{ 种}$$

把这个方法用字母 n 和 k 推广到任意情况下就是上面的式子了。

为什么二项式定理[5]里出现了组合数?

$$(x + y)^n = \sum_{k=0}^{n} C_n^k \cdot x^k y^{n-k}$$

这里我们把 $(x+y)^5$ 的 $(x+y)$ 改写成竖式,你一看就明白了。

$$\begin{pmatrix} x \\ + \\ y \end{pmatrix} \times \begin{pmatrix} x \\ + \\ y \end{pmatrix} \times \begin{pmatrix} x \\ + \\ y \end{pmatrix} \times \begin{pmatrix} x \\ + \\ y \end{pmatrix} \times \begin{pmatrix} x \\ + \\ y \end{pmatrix}$$

展开上式,$x^2 y^3$ 的系数是多少呢? 也就是像 $x \cdot x \cdot y \cdot y \cdot y$ 和 $x \cdot y \cdot x \cdot y \cdot y$ 这样,5 个字母中 x 出现 2 次的组合有多少种? 这与"从 1 到 5 的数字中选 2 个组合"是一回事。

回到 x^n 的微分和 $(x+h)^n$ 的展开的话题,$x^{n-1}h$ 的系数直接关系到微分的结果。

延伸一步,当 $n=5$ 时,有 $(h \cdot x \cdot x \cdot x \cdot x)$,$(x \cdot h \cdot x \cdot x \cdot x)$,$\cdots$,$(x \cdot x \cdot x \cdot x \cdot h)$ 5 种情况,所以立刻就知道系数是 5 了。

据此,$(x + h)^n = x^n + nx^{n-1}h + \cdots$。

2.6 乘积的微分

本节我们给定两个函数 $f(x)$ 和 $g(x)$,试求它们乘积的微分 $(f(x)g(x))'$。

为了直观理解这个公式,我们把 2.3.2 小节中导出的 h 作为小量,近似得出

$$f(x + h) \approx f(x) + h \cdot f'(x)$$
$$g(x + h) \approx g(x) + h \cdot g'(x)$$

这时

$$f(x + h) \cdot g(x + h) \approx (f(x) + h \cdot f'(x))(g(x) + h \cdot g'(x))$$

---

5. 这个二项式定理公式在第 6 章图 6-7 的编写绘制二项分布簇状图的程序时会用到。Python 的 Scipy 模块里的 comb 函数可以计算组合数。

因而

$$f(x + h) \cdot g(x + h) - f(x)g(x)$$
$$\approx (f(x) + h \cdot f'(x))(g(x) + h \cdot g'(x)) - f(x)g(x)$$
$$= h(f'(x)g(x) + g'(x)f(x)) + h^2 f'(x)g'(x)$$

因而

$$
\begin{aligned}
(f(x)g(x))' &= \lim_{h \to 0} \frac{f(x + h)g(x + h) - f(x)g(x)}{h} \\
&= \lim_{h \to 0} \frac{h(f'(x)g(x) + g'(x)f(x)) + h^2 f'(x)g'(x)}{h} \\
&= \lim_{h \to 0} (f'(x)g(x) + g'(x)f(x) + hf'(x)g'(x)) \\
&= f'(x)g(x) + g'(x)f(x)
\end{aligned}
$$

由此我们得到以下公式。

$$(f(x)g(x))' = f'(x)g(x) + g'(x)f(x) \tag{2.6.1}$$

这就是本节所求的**乘积**的微分公式。

2.7 复合函数的微分

2.3 节我们把微分表示成 $\dfrac{\mathrm{d}y}{\mathrm{d}x}$，因而这样便于理解各种公式。复合函数的微分公式就是典型的例子。

2.7.1 复合函数的微分

复合函数就是存在两个函数 $f(x)$ 和 $g(x)$，把 $f(x)$ 的输出作为 $g(x)$ 的输入，并把它们整体当做一个函数来看待的函数。

现在，我们把复合函数当成一个整体，输入 x，输出 y。如图 2-12 所示，其中 $u = f(x)$，$y = g(u)$。

这时微分的公式很简单，就是以下的样子。

$$\frac{\mathrm{d}y}{\mathrm{d}x} = \frac{\mathrm{d}y}{\mathrm{d}u} \cdot \frac{\mathrm{d}u}{\mathrm{d}x} \tag{2.7.1}$$

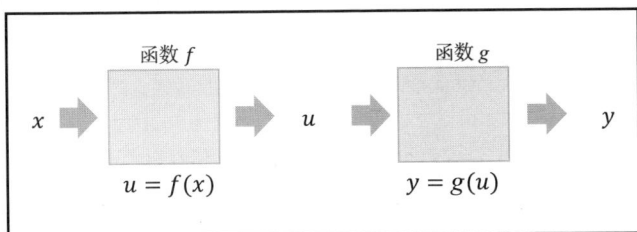

图 2-12　复合函数

　　如果是通常的分数计算，只要约分就可以证明等式成立。但是对此公式来说，数学上的严格证明比较难，本书为了明晰直观就不深探了。

　　我们以 2.2 节的复合函数为例，计算它的微分试试看吧。2.2 节的例子如下：

$$y = \sqrt{x^2 + 1}$$

把它分解成两个函数来考虑。

$$f(x) = x^2 + 1$$
$$g(x) = \sqrt{x}$$

因为

$$u = f(x) = x^2 + 1$$
$$y = g(u) = \sqrt{u}$$

所以分别利用式（2.5.3）和式（2.5.2）可得

$$\frac{\mathrm{d}y}{\mathrm{d}u} = g'(u) = \left(u^{\frac{1}{2}}\right)' = \frac{1}{2}u^{-\frac{1}{2}} = \frac{1}{2\sqrt{u}} = \frac{1}{2\sqrt{x^2 + 1}}$$
$$\frac{\mathrm{d}u}{\mathrm{d}x} = f'(x) = 2x$$

可得

$$\frac{\mathrm{d}y}{\mathrm{d}x} = \frac{\mathrm{d}y}{\mathrm{d}u} \cdot \frac{\mathrm{d}u}{\mathrm{d}x} = \frac{1}{2\sqrt{x^2 + 1}} \cdot 2x = \frac{x}{\sqrt{x^2 + 1}}$$

这就是 $y = \sqrt{x^2 + 1}$ 对 x 微分的结果。

　　另外，这里说明一下，**复合函数的微分公式**在机器学习领域里也被称作**链式法则**。

我们再介绍一个活用 $\dfrac{\mathrm{d}y}{\mathrm{d}x}$ 算式的例子——反函数的微分公式。我们把 $y=f(x)$ 的反函数设为 $g(x)$，试求这两个函数的导数（微分的结果）的关系。

根据反函数的定义，把 $y=f(x)$ 写成 $x=g(y)$。

图 2-13 中，设 (a, b) 是 $y=f(x)$ 上的点，有 $b=f(a)$。这时点 (a, b) 关于直线 $y=x$ 的对称点 (b, a) 在反函数 $y=g(x)$ 上。因此可得 $a=g(b)$。函数 $y=f(x)$ 在点 (a, b) 处的切线斜率是 $f'(a)$。

此时根据图像的对称性，$y=g(x)$ 在点 (b, a) 处的切线斜率是 $\dfrac{1}{f'(a)}$。由此可得：

$$g'(b) = \frac{1}{f'(a)} \qquad (2.7.2)$$

这就是**反函数的微分公式**。

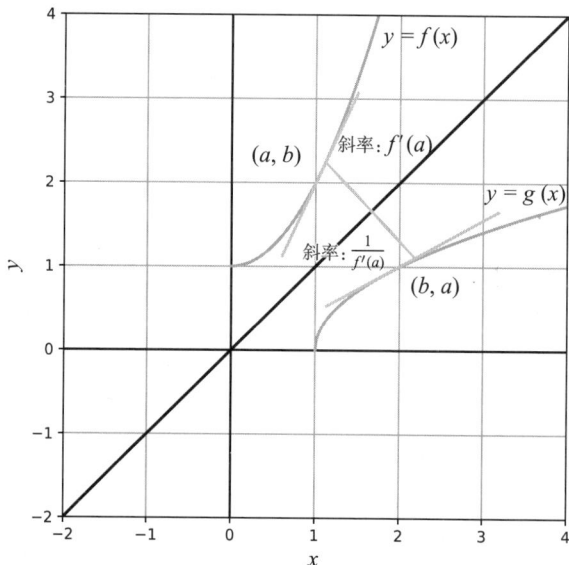

图 2-13　反函数的微分

我们看看上述公式的其他表示方法。

如果 $y=f(x)$，则 $f'(x) = \dfrac{\mathrm{d}y}{\mathrm{d}x}$。

如果 $x = g(y)$，则 $g'(y) = \dfrac{\mathrm{d}x}{\mathrm{d}y}$。

将这两个式子使用上述公式改写可得

$$\frac{\mathrm{d}x}{\mathrm{d}y} = \frac{1}{\dfrac{\mathrm{d}y}{\mathrm{d}x}}$$

和复合函数的微分公式一样，上述公式在计算时可以直接使用。

2.8 商的微分

本节的目的是求形如 $\dfrac{f(x)}{g(x)}$ 这样的，可以表示成两个函数商的函数的微分。

这个计算可以组合使用之前的微分公式来导出。首先令

$$h(x) = \frac{1}{g(x)}$$

则

$$\frac{f(x)}{g(x)} = f(x) \cdot h(x)$$

根据式（2.6.1）可得

$$\left(\frac{f(x)}{g(x)}\right)' = (f(x) \cdot h(x))' = f'(x)h(x) + f(x)h'(x)$$

对于 $h'(x)$，可以当成 $u = g(x)$ 的复合函数的导数来考虑。那么

$$h'(x) = \left(\frac{1}{g(x)}\right)' = \left(\frac{1}{u}\right)' \cdot \frac{\mathrm{d}u}{\mathrm{d}x} = \left(-\frac{1}{u^2}\right) \cdot g'(x) = -\frac{g'(x)}{(g(x))^2}$$

代入可得

$$\left(\frac{f(x)}{g(x)}\right)' = \frac{f'(x)g(x) - f(x)g'(x)}{(g(x))^2} \tag{2.8.1}$$

这就是**商的微分公式**。

我们总结一下前文提到的微分公式。

$$(p \cdot f(x) + q \cdot g(x))' = p \cdot f'(x) + q \cdot g'(x)$$

$$(x^r)' = rx^{r-1}$$

$$(f(x)g(x))' = f'(x)g(x) + f(x)g'(x)$$

$$\frac{dy}{dx} = \frac{dy}{du} \cdot \frac{du}{dx}$$

$$\frac{dx}{dy} = \frac{1}{\dfrac{dy}{dx}}$$

$$\left(\frac{f(x)}{g(x)}\right)' = \frac{f'(x)g(x) - f(x)g'(x)}{(g(x))^2}$$

这些公式在第 3 章以后还要反复使用，请一定谙熟于心。

2.9 积分

本章的最后对积分[6]做出说明。所谓微分，简单来说就是"**函数图像无限放大时形成的直线的斜率**"。

积分同样可以用直观的语言来表达，就是"**函数图像与直线 $y=0$ 之间形成的图形的面积**"。我们在此实际展示一下。

请看图 2-14。为了简化问题，我们假设函数 $y=f(x)$ 里所有 x 取值为正。

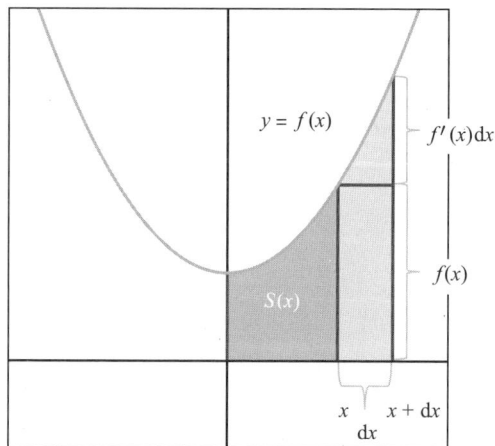

图 2-14　表示面积的函数 $S(x)$ 与 $f(x)$ 的关系

---

6. 积分的概念在深度学习的梯度下降法里并不是直接需要，但是对于第 6 章的概率与统计的理解非常有用，所以预先简单说明。

在该条件下，考虑图中所示范围的面积，可以用函数 $S(x)$ 表示。

然后考虑 $S(x)$ 的微分 $S'(x)$ 是怎样的函数。

与之前一样，观察 x 少量增加 dx 时 $S(x)$ 的增量。根据 $S(x)$ 的定义，函数 $S(x)$ 的增量 $S(x + dx) - S(x)$ 就是图 2-14 中 x 和 $x + dx$ 两条直线与 $f(x)$ 间阴影的面积。如果 dx 无限小，$y = f(x)$ 的图像就近乎直线，这块区域就近乎梯形了。

如图所示，把梯形的面积切割成长方形和三角形来考虑，可得

$$f(x)dx + \frac{1}{2}dx \cdot f'(x)dx$$

综上可得

$$S(x + dx) - S(x) \approx f(x)dx + \frac{1}{2}f'(x)(dx)^2$$

把 dx 换成 h，两边同除以 h，并使 $h \to 0$ 时，可得

$$S'(x) = \lim_{h \to 0} \frac{1}{h}(S(x + h) - S(x)) = \lim_{h \to 0}\left(f(x) + \frac{1}{2}f'(x) \cdot h\right) = f(x)$$

$S(x)$ 的微分 $S'(x)$ 竟然就是原函数 $f(x)$。

反过来，如果我们能发现一个函数满足 $S'(x) = f(x)$，那么这个 $S(x)$ 就是 $y = f(x)$ 的面积函数。

例如，对于 $f(x) = x^2$，$S(x) = \frac{1}{3}x^3$ 就是满足这种关系的函数。

到此的说明都是直观感觉的，若想严格证明，就有必要证明 $S(x)$ 这样的函数是存在的，还要证明前面"近乎梯形"也是正确的。但是，我想大家可以理解上面说的事实是正确的。

将表示面积的函数 $S(x)$ 微分可得原函数 $f(x)$ 这一事实，叫作**微积分基本定理**，是分析学中最重要的定理之一。

最后我们用积分上常用的数学符号，简单展示一下上文提到的各种对应关系。

首先，$S(x)$，与原来的函数 $f(x)$ 对应，叫作"**$f(x)$ 的原函数**"，通常用 f 的大写 $F(x)$ 表示（上文中为了强调是面积的函数，就用了其他字母）。

给定函数 $f(x)$ 时，求满足 $F'(x) = f(x)$ 的函数 $F(x)$ 的计算，叫作求

"**不定积分**"。用数学符号表达如下：

$$\int f(x)\mathrm{d}x = F(x) + C$$

这里突然冒出的字母 C，叫作**积分常数**。$f(x)$ 有原函数 $F(x)$ 时，用带常数的 $F(x) + C$ 来表示原函数。

对函数 $f(x) = x^2$ 求不定积分，用公式表示如下：

$$\int x^2\mathrm{d}x = \frac{x^3}{3} + C$$

请看图 2-15。

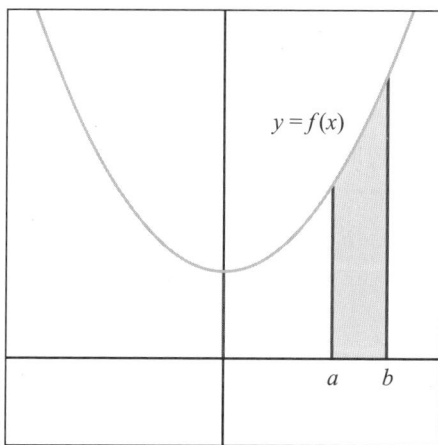

图 2-15　图像面积与定积分

这里，$x=a$、$x=b$ 与 $y=f(x)$ 和 x 轴围成的面积可以用不定积分 $F(x)$ 表示为

$$F(b) - F(a)$$

也可以使用原来的函数和积分符号来表示为

$$\int_a^b f(x)\mathrm{d}x$$

这个表示方法叫作**定积分**。

计算面积时，像上面那样把两个原函数的值相减，可以简记为

$$F(x)\Big|_a^b$$

这种表达形式也经常使用，大家要记牢哦。

专 栏 **积分符号的含义**

定积分是用多个以 $f(x)$ 为纵，dx 为横的细长条填满从 a 到 b 的图形的面积（图 2-16）。

积分符号 $\int$，原来是字母表上的 S（sum，和）的意思。定积分的公式表示的是"从 $x=a$ 到 $x=b$ 的区间里所有细长条的面积和"。

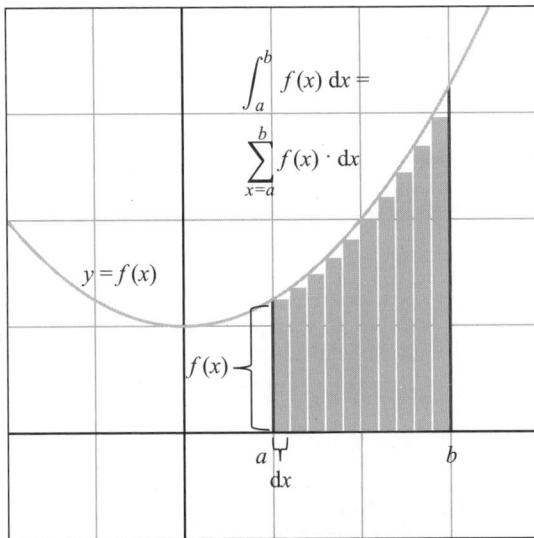

$$\int_a^b f(x)\,dx =$$

$$\sum_{x=a}^b f(x)\cdot dx$$

$y = f(x)$

$f(x)$

a
dx

b

图 2-16　定积分与面积的关系

向量与矩阵

本章结构

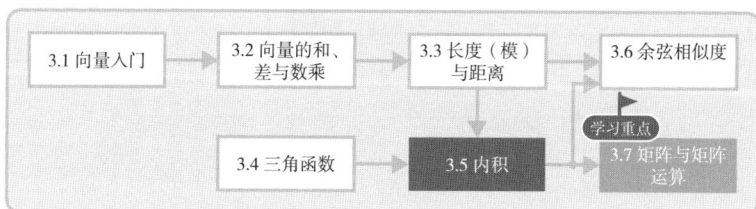

本章从复习向量开始，对矩阵做简单说明。

在与向量有关的概念中，"内积"尤其重要，所以请好好理解它。我还会介绍重要概念"余弦相似度"，并在专栏里介绍它的具体使用例子。

矩阵在深度学习算法和编程中可绕不开。初看很复杂，但只要掌握了矩阵的符号表达方式和乘法的计算方法，就能最低限度地理解深度学习了。本章将对此简明扼要地介绍。

3.1 向量入门

3.1.1 向量

所谓向量，就是"有方向、有大小的量"。为了简化问题，先考虑二维的情况。

二维世界里，从地点 A 移动到地点 B，移动多少呢？我们会说"向北 2km""向东 3km""向西南 4km"，以此表达移动的方向和距离。这样"方向和大小的集合"就叫作向量（见图 3-1）。

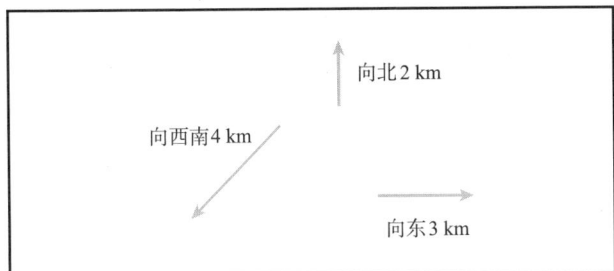

图 3-1　表示"方向和大小的集合"的向量

3.1.2　向量的表示方法

现在开始，我们用字母来表示向量。字母要表达的是 2 和 -0.5 之类的单个数值（与向量相对，这叫作标量），还是向量必须有所区别。

向量常用的表示方法有以下两种：

- a, b，粗体表示法；
- $\vec{a}, \vec{b}$，头顶箭头表示法。

本书中的向量采用粗体表示法。像 a，b 等没有使用粗体的字母叫作标量，用它们来表示实数 [但是，重要的内容（例如标量 a ）**加粗表示**时，标量和向量都变成了粗体（a），请根据语境来判断]。

向量使得我们能定义"从地点 A 到地点 B 的移动量"，如图 3-2 所示。

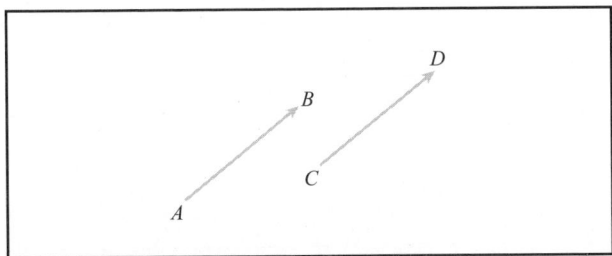

图 3-2　用起止点表示的向量

这里，出发地 A 叫作**向量的起点**，目的地 B 叫作**向量的终点**。这样表示从地点 A 到地点 B 移动量的向量就是 $\vec{AB}$。

上图中，从地点 A 移动到地点 B 与从地点 C 移动到地点 D 的**移动距离与方向完全相同**。此时我们可以说**两个向量相等**，也就是 $\vec{AB} = \vec{CD}$。

3.1.3 向量的分量

二维向量还有一种表示方法。就是给定 x 轴、y 轴的方向，给定每个方向的单位长度，用一组数值表示它是单位长度的几倍。

在图 3-1 中，x 轴的方向是东，y 轴的方向是北，单位长度是 1km，各个向量可以用数值组表示，如图 3-3 所示。这种表示方法叫作**向量的分量**。图 3-3 展示了图 3-1 中向量的分量。

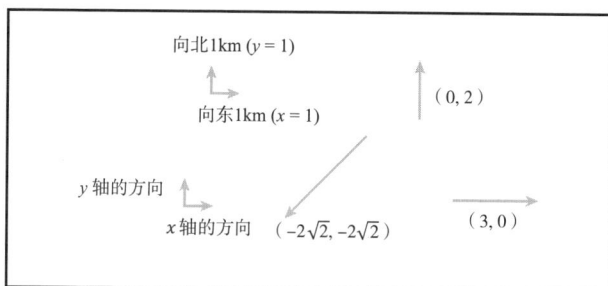

图 3-3　向量的分量

3.1.4 向高维拓展

我们已经考虑了二维平面世界上的向量，可以考虑向三维拓展的"大小与方向"。

这种向量也有分量。我们在考虑 x 轴方向、y 轴方向的基础上新添加一个 z 轴方向，并用数字三元组来表示。图 3-4 展示了分量为（2, 3, 2）的三维向量。

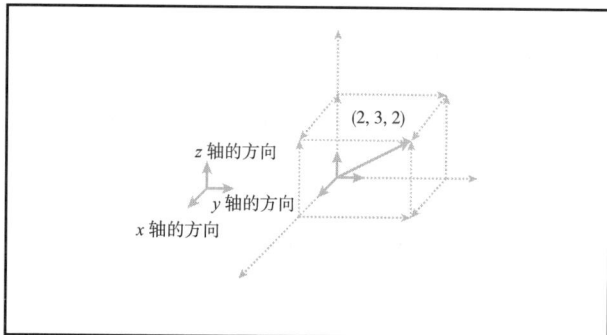

图 3-4　三维向量的分量

人最多能感受到三维，但把分量形式作为"很多个实数的组合"来考虑，可知四维、五维，无论拓展到多少维都可以。数学世界中，这种拓展（例如 100 维的向量）与二维向量、三维向量是一视同仁的。

3.1.5 向量的分量表示法

向量的分量表示法，就是把每个元素排列起来，有横竖两种排法。纵向表示的例子如下：

$$\boldsymbol{a} = \begin{pmatrix} a_1 \\ a_2 \\ \vdots \\ a_n \end{pmatrix}$$

横向表示的例子如下：

$$\boldsymbol{a} = (a_1, a_2, \cdots, a_n)$$

遵从一般数学书的惯例，本书对这两种表示法不加区分，统一对待。具体而言，讲单个向量对时为了节省页面用横向，矩阵乘法等必要之处用竖向表示。

3.2　向量的和、差与数乘

为了便于对向量做运算，我们可以定义向量之间的和、差、数乘。我们首先与之前一样，考虑二维上的"带有方向的量"，然后看看在分量上是怎样的情况。

3.2.1 向量的和

我们先把"**向量的和**"作为向量之间基础的运算。根据前文所说的向量的概念，考虑表示"起点和终点之间的向量"很容易。例如，我们尝试考虑 3 个向量，它们的位置关系如图 3-5 所示。

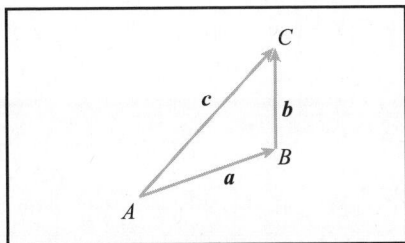

图 3-5　向量的和

$$a = \overrightarrow{AB}$$
$$b = \overrightarrow{BC}$$
$$c = \overrightarrow{AC}$$

所谓向量的和 $a + b$，意思是把前一个向量的终点 B 当作新的起点，接续后一个向量，考查**整体是从哪里到哪里**。

因此，就是从 A 出发，途经 B，最后到 C，整体来看与从 A 出发直接到 C 一样。用算式表示就是

$$a + b = c \text{ 就是} \overrightarrow{AB} + \overrightarrow{BC} = \overrightarrow{AC}$$

这就是向量和的表达式。

然后考查向量和的分量。

$$a = (a_1, a_2)$$
$$b = (b_1, b_2)$$

这样的话就有

$$c = a + b = (a_1 + b_1, a_2 + b_2)$$

直观上很容易明白。因此，从分量上看，**向量的和用分量之和就可以得到**。

这种思路也能拓展到三维，甚至是 n 维。我们把 n 维向量的和用分量表示：

$$a = (a_1, a_2, \cdots, a_n)$$
$$b = (b_1, b_2, \cdots, b_n)$$

向量的和就能用下式表示：

$$c = a + b = (a_1 + b_1, a_2 + b_2, \cdots, a_n + b_n)$$

3.2.2　向量的差

现在，给定两个向量 a 和 b，我们考虑向量的差 $b - a$ 是多少。我们把两个向量的起点画在一起，如图 3-6 所示。

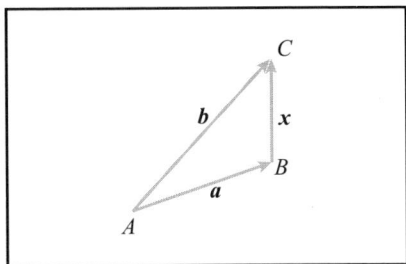

图 3-6 向量的差

与前面向量的和的定义一样，如果 $\overrightarrow{BC} = \boldsymbol{x}$，则

$$\boldsymbol{a} + \boldsymbol{x} = \boldsymbol{b}$$

我们知道上式成立，可得

$$\boldsymbol{x} = \boldsymbol{b} - \boldsymbol{a}$$

于是我们就把上式定义为**向量的差**。
在此定义下，如果分量是

$$\boldsymbol{a} = (a_1, a_2)$$
$$\boldsymbol{b} = (b_1, b_2)$$

容易得知

$$\boldsymbol{x} = \boldsymbol{b} - \boldsymbol{a} = (b_1 - a_1, b_2 - a_2)$$

与向量的和一样，**向量的差也可以用分量求差的方法来计算**。
这个思路也可以拓展到三维甚至 n 维向量计算。

$$\boldsymbol{a} = (a_1, a_2, \cdots, a_n)$$
$$\boldsymbol{b} = (b_1, b_2, \cdots, b_n)$$

这时向量的差表示为

$$\boldsymbol{x} = \boldsymbol{b} - \boldsymbol{a} = (b_1 - a_1, b_2 - a_2, \cdots, b_n - a_n)$$

3.2.3 向量的数乘

介绍了向量的"和"与"差"之后，我们介绍"向量的数乘"，它相当于向量的"积"。其实还有一种向量之间的运算叫作"内积"，但是因为略微复杂，我们将在 3.5 节详细讲述。这里介绍的"数乘"比"内积"更容易理解。

如图 3-7 所示，a 是一个向量，则与它同向且长度为其 k 倍的向量 b 叫作向量的数乘。记为

$$b = ka$$

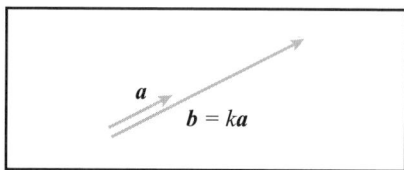

图 3-7　向量的数乘

考虑分量

$$a = (a_1, a_2)$$

可得

$$b = (ka_1, ka_2)$$

拓展到 n 维也容易，设

$$a = (a_1, a_2, \cdots, a_n)$$

则 a 的数乘就是

$$b = (ka_1, ka_2, \cdots, ka_n)$$

3.3　长度（模）与距离

使用向量时，"**长度**"（模）是个重要的量。我们可以用"长度"来定义两个向量之间的"**距离**"。本节结合 n 维向量的情况，介绍向量的"长度"与"距离"。

3.3.1　向量的长度（模）

从二维向量的分量表示方法开始，设

$$a = (a_1, a_2)$$

试求向量 a 的长度，如图 3-8 所示。

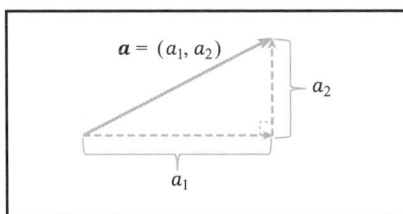

图 3-8　向量的长度的分量

向量的长度用 $|a|$ 表示，根据勾股定理[1] 可得

$$|a|^2 = a_1{}^2 + a_2{}^2$$

对两边求平方根，可得

$$|a| = \sqrt{a_1{}^2 + a_2{}^2}$$

这就是用分量表示的**二维向量的长度（模）公式**（向量的长度也叫**向量的模**）。

那么，三维向量的模又如何计算呢？请带着思考看图 3-9。

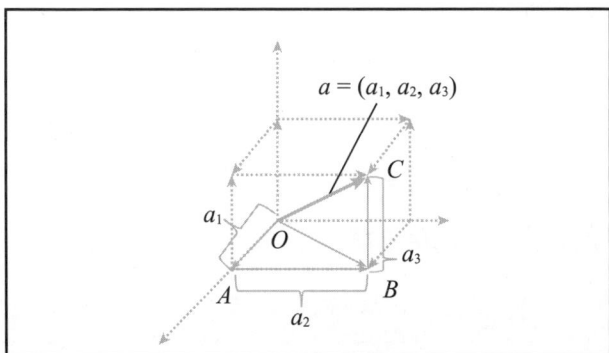

图 3-9　三维向量的模

这个图上

$$a = \overrightarrow{OC} = (a_1,\ a_2,\ a_3)$$

计算向量 a 的模即计算 OC 长度。三角形 OAB 与三角形 OBC 都是直角三角形。根据勾股定理可得

---

1. 反映直角三角形三边之间关系的几何定理，又名"毕达哥拉斯定理"。

$$OA^2 + AB^2 = OB^2$$
$$OB^2 + BC^2 = OC^2$$

把两个公式合起来，下式成立。

$$OA^2 + AB^2 + BC^2 = OC^2$$

因为 $OA = a_1$，$AB = a_2$，$BC = a_3$，可得

$$OC^2 = a_1{}^2 + a_2{}^2 + a_3{}^2$$

则

$$OC = \sqrt{a_1{}^2 + a_2{}^2 + a_3{}^2}$$

把向量的长度（模）改写成分量，下式成立

$$|\boldsymbol{a}| = \sqrt{a_1{}^2 + a_2{}^2 + a_3{}^2}$$

这就是**三维向量的长度（模）公式**。

那么，一般的 n 维向量的长度（模）是多少呢？我们已经没法用图表示了。如果理解 n 维向量的长度有难度的话，我们从二维、三维的公式可以很自然地拓展，若

$$\boldsymbol{a} = (a_1, a_2, \cdots, a_n)$$

模 $|\boldsymbol{a}|$ 就是

$$|\boldsymbol{a}| = \sqrt{a_1{}^2 + a_2{}^2 + a_3{}^2 + \cdots + a_n{}^2}$$

这就是 **n 维向量的长度（模）公式** [2]。

3.3.2 Σ 符号的意义

本节解释一下 Σ 符号。Σ 符号就是上文表达式（很多项的和）不使用"…"的规范写法。

上面的式子 $a_1{}^2 + a_2{}^2 + a_3{}^2 + \cdots + a_n{}^2$ 就表示"将 **k** 的值从 **1** 变化到 **n** 时的 **$a_k{}^2$** 的值全部相加"。把自然语言描述的事用数学符号 Σ 表达如下：

---

2. 由于 n 维向量的"长度"难以理解，一般来说使用"模"的说法。

$$\sum_{k=1}^{n} a_k{}^2$$

n 维向量 $\boldsymbol{a}$ 的模 $|\boldsymbol{a}|$ 的公式用 Σ 符号改写如下：

$$|\boldsymbol{a}| = \sqrt{\sum_{k=1}^{n} a_k{}^2}$$

虽然熟练阅读含有 Σ 符号的算式是挺难的，但是机器学习里逃不开这个符号，请尽量习惯下来吧。

本节中我们考虑两个向量 $\boldsymbol{a}$ 和 $\boldsymbol{b}$ 的距离。从结论来说，**$\boldsymbol{a}$ 和 $\boldsymbol{b}$ 的差向量的模就是向量之间的距离**。例如两个 2 维向量用分量表示为

$$\boldsymbol{a} = (a_1, a_2)$$
$$\boldsymbol{b} = (b_1, b_2)$$

向量 $\boldsymbol{a}$ 和 $\boldsymbol{b}$ 的距离 d 可以表示如下：

$$d = |\boldsymbol{a} - \boldsymbol{b}| = \sqrt{(a_1 - b_1)^2 + (a_2 - b_2)^2}$$

拓展到三维向量，设

$$\boldsymbol{a} = (a_1, a_2, a_3)$$
$$\boldsymbol{b} = (b_1, b_2, b_3)$$

则向量间的距离 d 如下：

$$d = |\boldsymbol{a} - \boldsymbol{b}| = \sqrt{(a_1 - b_1)^2 + (a_2 - b_2)^2 + (a_3 - b_3)^2}$$

进一步地拓展到 n 维向量，设

$$\boldsymbol{a} = (a_1, a_2, \cdots, a_n)$$
$$\boldsymbol{b} = (b_1, b_2, \cdots, b_n)$$

两个向量间的距离 d 显而易见：

$$d = |\boldsymbol{a} - \boldsymbol{b}|$$

$$= \sqrt{(a_1 - b_1)^2 + (a_2 - b_2)^2 + \cdots + (a_n - b_n)^2}$$

$$= \sqrt{\sum_{k=1}^{n} (a_k - b_k)^2}$$

3.4　三角函数

这里突然出现三角函数的话题，因为它与下一节的内积密切相关。本节我们带着内积的思想来复习三角函数。

3.4.1　三角比

和一般的教科书一样，我们从最简单的三角比开始复习。请看图 3-10。

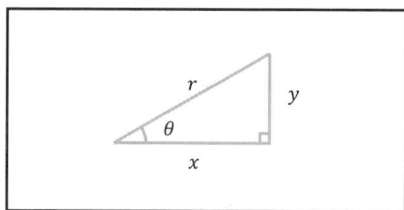

图 3-10　三角比的定义

当**内角 θ 的值确定时，直角三角形都是相似的**，边之间的比值也是确定的。这时边长之比就叫作**三角比**，由角度 θ 来决定。具体的表达式如下：

$$\sin \theta = \frac{y}{r}$$

$$\cos \theta = \frac{x}{r}$$

$$\tan \theta = \frac{y}{x}$$

3.4.2　三角函数

在三角比的定义里，直角三角形的内角必须在 $0°$ 到 $90°$ 之间，不过我们可以拓展三角比的定义。

在图 3-10 的例子中，特别考虑在 $r=1$ 时的情况。此时，$\sin\theta=y$，$\cos\theta=x$。如图 3-11 所示，在以原点为中心半径为 1 的圆（这种圆称为**单位圆**）上，从 x 轴正向开始旋转 θ，得到一个点，我们把它的 y 坐标定义为 $\sin\theta$，x 坐标定义为 $\cos\theta$。当 θ 的值在 $0°$ 到 $90°$ 之间变动时，我们可以看出上文的三角比与 $\sin\theta$ 和 $\cos\theta$ 的定义是相同的。

根据新定义，θ 的值可以是负数，也可以大于 $90°$。这就是扩展三角比的概念所得的**三角函数**。

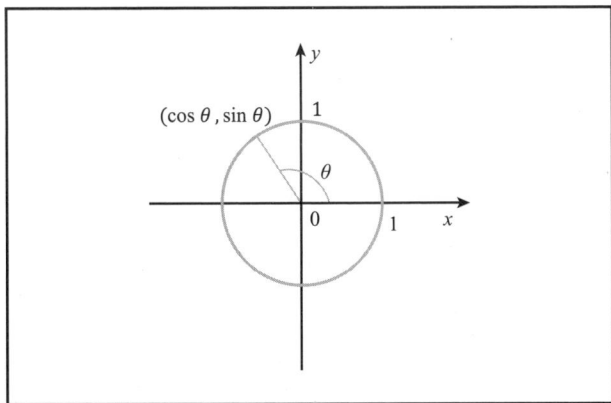

图 3-11　三角函数的定义

3.4.3　三角函数的图像

前文我们定义了三角函数，基于此，我们以横轴表示角度 θ，纵轴表示三角函数的值，尝试画出图像。

结果就是如图 3-12、图 3-13 这样漂亮的波浪形。这两条曲线叫作正弦曲线和余弦曲线，又叫正弦波和余弦波。比较两图，可以知道把 $\sin\theta$ 的图像平移就成了 $\cos\theta$ 的图像。

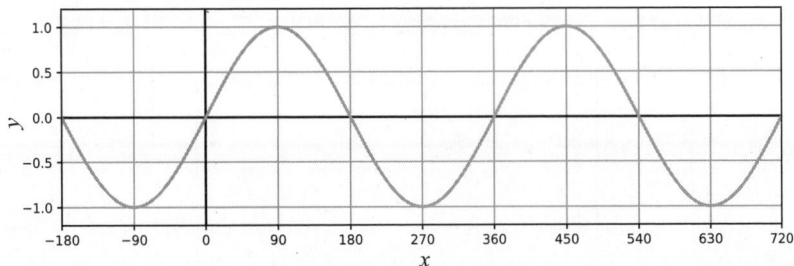

图 3-12　$y=\sin\theta$ 的图像

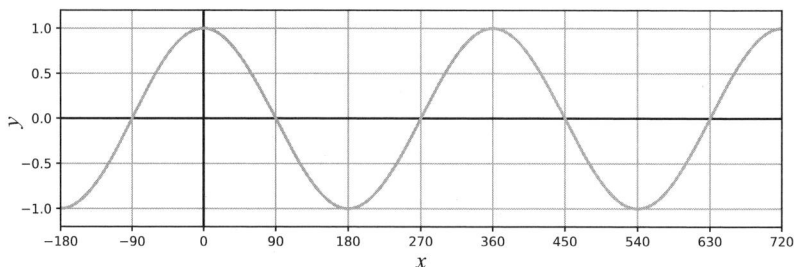

图 3-13　$y = \cos\theta$ 的图像

用三角函数表示直角三角形的边

根据图 3-10 和三角比的定义。可知下式成立:

$$x = r\cos\theta$$
$$y = r\sin\theta$$

这个式子在下一节的内积中很重要,请一定记牢。

3.5　内积

我们到内积的介绍啦。在 3.2.3 小节,我们定义过"数乘"形式的向量乘法,但是这里定义的内积与之不同,是向量之间的乘法运算。高中数学里,很难对这个概念形象理解,我们先来看一个二维的例子。

3.5.1　基于数值定义内积

向量 $\boldsymbol{a}$ 和 $\boldsymbol{b}$ 形成夹角 θ 时,我们用下式定义两个二维向量 $\boldsymbol{a}$ 和 $\boldsymbol{b}$ 的内积:

$$\boldsymbol{a} \cdot \boldsymbol{b} = |\boldsymbol{a}||\boldsymbol{b}|\cos\theta$$

如果光看这式子,对内积的含义还不明了,那么请看图 3-14。

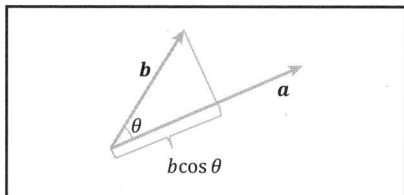

图 3-14　内积的含义

从向量 b 的终点向 a 的方向画垂线。$|b|\cos\theta$ 就是此处形成的直角三角形的一条边的长度。换言之，我们将向量 b 分解成"与 a 同向的部分"和"a 以外的部分"，**就可以得到与 a 同向的部分的长度**。

这样，向量 a 和 b 的内积就可以表示为"**向量 a 的长度乘上向量 b 中与 a 同向部分的长度**"。

我们再从其他角度介绍一下内积的性质。假设向量 b 的长度 $|b|$ 是确定的，让角度 θ 变化，观察内积的值是如何变化的，结果如表 3-1 所示。

表 3-1 　角度 θ 与内积的值的关系

θ 的值 / (°)	向量 a 与 b 的关系	内积的值
0	方向完全一致	最大值
90	正交	0
180	反向	最小值

这是内积非常重要的性质，请务必牢记。

3.5.2　分量形式的内积公式

前文中我们使用两个向量的模定义了内积。设两个向量的分量如下：

$$a = (a_1, a_2)$$
$$b = (b_1, b_2)$$

这时

$$a \cdot b = a_1 b_1 + a_2 b_2$$

上式为什么成立呢？我们来验证一下。作为前提，我们先来直观理解**内积的线性**。所谓内积的线性，就是说对于任意向量 a，b，c，有
$$a \cdot (b + c) = a \cdot b + a \cdot c$$
请看图 3-15，由图易得

（向量 $b + c$ 中与向量 a 同向的部分）
=（向量 b 中与向量 a 同向的部分）+（向量 c 中与向量 a 同向的部分）

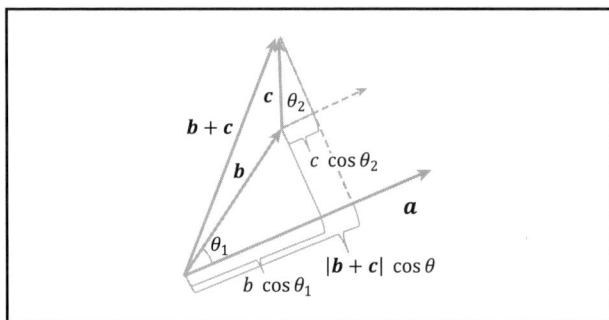

图 3-15　内积的线性

既然线性成立，设

$$a = (a_1, a_2)$$
$$b = (b_1, b_2)$$

我们考虑把这两个向量分解成

$$a_1 = (a_1, 0)$$
$$a_2 = (0, a_2)$$
$$b_1 = (b_1, 0)$$
$$b_2 = (0, b_2)$$

那么

$$a = a_1 + a_2$$
$$b = b_1 + b_2$$

则

$$a \cdot b = (a_1 + a_2) \cdot (b_1 + b_2)$$

就成立了。这里根据线性性质可得

$$a \cdot b = a_1 \cdot b_1 + a_1 \cdot b_2 + a_2 \cdot b_1 + a_2 \cdot b_2$$

对于 $a_1 \cdot b_2$ 和 $a_2 \cdot b_1$，由于两个向量正交，它们的值为 0。$a_1 \cdot b_1$ 中两个向量同向，因此值为 $a_1 b_1$。同理，$a_2 \cdot b_2$ 也就是 $a_2 b_2$。

综上可知下式成立：

$$a \cdot b = a_1 b_1 + a_2 b_2$$

这就是**二维向量分量的内积公式**。

我们看看三维向量是怎样的。设

$$\boldsymbol{a} = (a_1, a_2, a_3)$$
$$\boldsymbol{b} = (b_1, b_2, b_3)$$

内积的线性在二维和三维情况下均成立。同样地，对

$$\boldsymbol{a}_1 = (a_1, 0, 0)$$
$$\boldsymbol{a}_2 = (0, a_2, 0)$$
$$\boldsymbol{a}_3 = (0, 0, a_3)$$
$$\boldsymbol{b}_1 = (b_1, 0, 0)$$
$$\boldsymbol{b}_2 = (0, b_2, 0)$$
$$\boldsymbol{b}_3 = (0, 0, b_3)$$

就有下式成立

$$\boldsymbol{a} = \boldsymbol{a}_1 + \boldsymbol{a}_2 + \boldsymbol{a}_3$$
$$\boldsymbol{b} = \boldsymbol{b}_1 + \boldsymbol{b}_2 + \boldsymbol{b}_3$$

与二维相同，利用内积的线性性质展开可得

$$\boldsymbol{a} \cdot \boldsymbol{b} = a_1 b_1 + a_2 b_2 + a_3 b_3$$

由此拓展到 n 维就简单了。设

$$\boldsymbol{a} = (a_1, a_2, \cdots, a_n)$$
$$\boldsymbol{b} = (b_1, b_2, \cdots, b_n)$$

此时

$$\boldsymbol{a} \cdot \boldsymbol{b} = a_1 b_1 + a_2 b_2 + \cdots + a_n b_n = \sum_{k=1}^{n} a_k b_k$$

这就是 n 维向量分量的内积公式。

3.6　余弦相似度

3.6.1　二维向量之间的角度

两个二维向量用分量表示

$$a = (a_1, a_2)$$

$$b = (b_1, b_2)$$

如果想求两个向量之间的夹角 θ 怎么办？

根据前文可得

$$a \cdot b = |a||b| \cos \theta = a_1 b_1 + a_2 b_2$$

将上式改写成"$\cos \theta =$"的形式。并使用 3.3.1 小节中的结果，最终可改写成

$$\cos \theta = \frac{a_1 b_1 + a_2 b_2}{|a||b|} = \frac{a_1 b_1 + a_2 b_2}{\sqrt{a_1{}^2 + a_2{}^2} \sqrt{b_1{}^2 + b_2{}^2}}$$

从 $\cos \theta$ 求 θ 可以使用 $\arccos x$ 函数（反余弦函数 [3]），由此我们就知道了用分量表示的二维向量夹角的值。

三维向量之间的角度

同理，我们可以使用下式求分量表示的三维向量之间的角度。

$$\cos \theta = \frac{a_1 b_1 + a_2 b_2 + a_3 b_3}{\sqrt{a_1{}^2 + a_2{}^2 + a_3{}^2} \sqrt{b_1{}^2 + b_2{}^2 + b_3{}^2}}$$

3.6.2　余弦相似度

将这个公式拓展到 n 维空间也很简单。其结果如下：

$$\cos \theta = \frac{a_1 b_1 + a_2 b_2 + \cdots + a_n b_n}{\sqrt{a_1{}^2 + a_2{}^2 + \cdots + a_n{}^2} \sqrt{b_1{}^2 + b_2{}^2 + \cdots + b_n{}^2}} = \frac{\sum\limits_{k=1}^{n} a_k b_k}{\sqrt{\sum\limits_{k=1}^{n} a_k{}^2} \sqrt{\sum\limits_{k=1}^{n} b_k{}^2}}$$

形式上是这样，但问题是，对于四维以上，两个向量之间的夹角是什么？因为我们无法看到实际的向量，也就没法想象向量间的夹角是个什么模样。

但是，即使在 100 维空间中，用这个式子也能求出余弦值，如果用

---

3. 函数 $\cos x$ 叫作余弦函数。反余弦函数是 $\cos x$ 的反函数。

它求出的值近似 1，至少可以说"两个向量方向相近"。

因此，对于多维向量，计算出的$\cos\theta$的值被叫作**余弦相似度**。

余弦相似度是表示向量之间方向近似程度的指标，在现实中经常使用。

专栏 **余弦相似度的应用举例**

在 AI 的世界里经常会说到 n 维向量之间有多近，那里使用的就是本节介绍的"余弦相似度"的指标。我们来介绍两个例子。

第一个是 Word2Vec 的应用。

Word2Vec 是近年备受欢迎的文本分析的方法，以"近似的单词彼此有关联"为前提，学习大量文本数据，构建单词与 100 维级别的数值矩阵的对应表。

这样得到的数值向量有奇妙的性质。一个有趣的例子如下：

（表示"王"的数值向量）–（表示"女王"的数值向量）≈
（表示"男"的数值向量）–（表示"女"的数值向量）

总之，构成文本的主要单词用数值向量的形式可以干净利落地表现出来。

把这样的数值向量作为输入，就可以发现"与某个单词相似的单词"。这里使用的算法就是余弦相似度。

再介绍一个例子，美国的 IBM 公司编写了一个可实现人工智能的应用程序接口 Personality Insights。在这个接口里输入某人在社交媒体中发布的文本，可以输出这个人的人格特性，与心理学上大五人格的测试结果一样。所以可以用余弦相似度来评估人与人之间的相性。如果想看看自己与某个人是否投缘，可以根据两个人的 Personality Insights 的结果来计算余弦相似度。

3.7 矩阵与矩阵运算

本节介绍由向量的概念拓展而来的"矩阵"，以及"矩阵"和"向量"之间的乘法运算。这个领域在数学里叫"线性代数"。线性代数中涉及"逆矩阵""特征值""特征向量"等众多概念、公式和定理。但是，本书的目标是"在最短时间内理解深度学习算法"，对于这些概念、公式和定理，只需掌握够用的限度即可。

3.7.1 输出节点的内积形式

请看图 3-16。

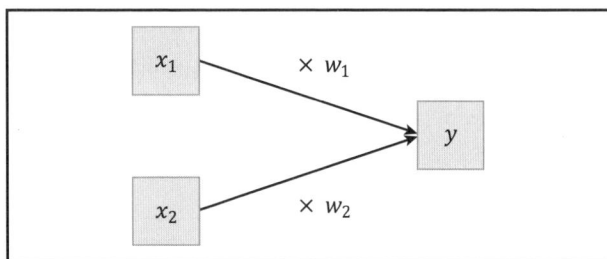

图 3-16 两个输入节点、1 个输出节点的神经网络

这里展示的是以 x_1、x_2 为输入的机器学习模型，输出变量 y 的算式如下：

$$y = w_1x_1 + w_2x_2 \qquad (3.7.1)$$

像这样，给输入端的节点乘上系数，将结果相加作为下一节点的值，在机器学习和深度学习中很常见。

这时，式（3.7.1）右边可以看成两个向量 $\boldsymbol{w} = (w_1, w_2)$、$\boldsymbol{x} = (x_1, x_2)$ 的内积。式（3.7.1）可以改写为

$$y = \boldsymbol{w} \cdot \boldsymbol{x} \qquad (3.7.2)$$

这么一改写，算式形式立马变得简单。此外，Python 里有针对向量运算（内积）的函数，所以在编程实现上也变得简单。第 7 章以后的实践篇里有具体的例子。

3.7.2 **输出节点的矩阵积形式**

请看图 3-17。两个输入节点与图 3-16 一样，但是输出节点现在变成 3 个。这种神经网络结构在第 9 章介绍的多分类里必不可少。

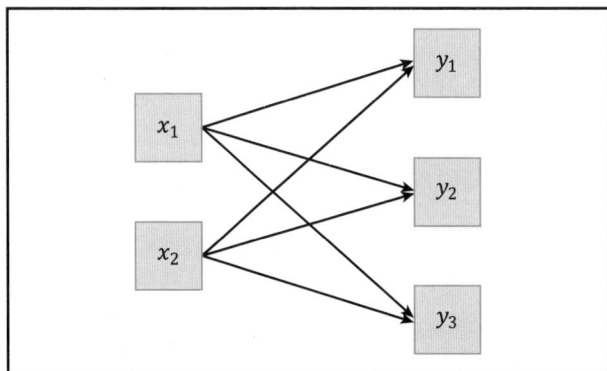

图 3-17　2 输入节点，3 输出节点的神经网络

这时，用 $2 \times 3 = 6$ 个必要的参数来表示权重。如果采用一维的编号，会非常难懂，因此我们考虑权重 w 的下标用二维的表达形式。

具体就是把式（3.7.1）变成下式。

$$
\begin{aligned}
y_1 &= w_{11}x_1 + w_{12}x_2 \\
y_2 &= w_{21}x_1 + w_{22}x_2 \\
y_3 &= w_{31}x_1 + w_{32}x_2
\end{aligned}
\qquad (3.7.3)
$$

把 w 这样的**元素用二维下标表示，并拓展得到的数据，叫作矩阵**。与向量一样，矩阵可以用分量表示[4]：

$$
W = \begin{bmatrix} w_{11} & w_{12} \\ w_{21} & w_{22} \\ w_{31} & w_{32} \end{bmatrix}
$$

根据矩阵的定义可以定义**矩阵与向量的积**。例如有这么个向量

$$
x = \begin{bmatrix} x_1 \\ x_2 \end{bmatrix}
$$

x 与矩阵 W 的积的定义如图 3-18 所示。

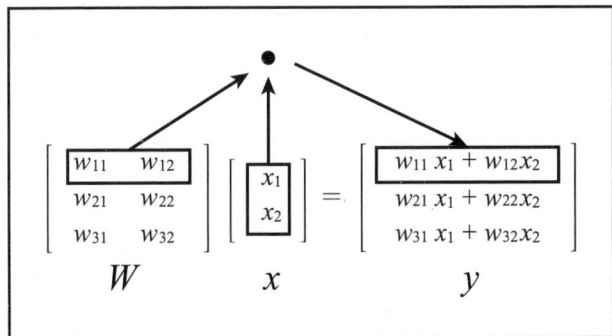

图 3-18　矩阵与向量的积

计算的要点是，将左边矩阵划分为行，将右边向量划分为列，划分后的方框之间做内积。

这就是矩阵与向量的积的计算方法。

上例中，整个矩阵记作 W，向量记作 x。将式（3.7.3）的输出向量 (y_1, y_2, y_3) 表示成 y，改写如下：

4.通常用大写字母来表示整个矩阵的变量。

$$y = Wx \qquad\qquad （3.7.4）$$

Python 里矩阵与向量的积的简洁表达也可参考式（3.7.4）。具体实现方法我们会在第 7 章以后的实践篇里说明。

本章结构

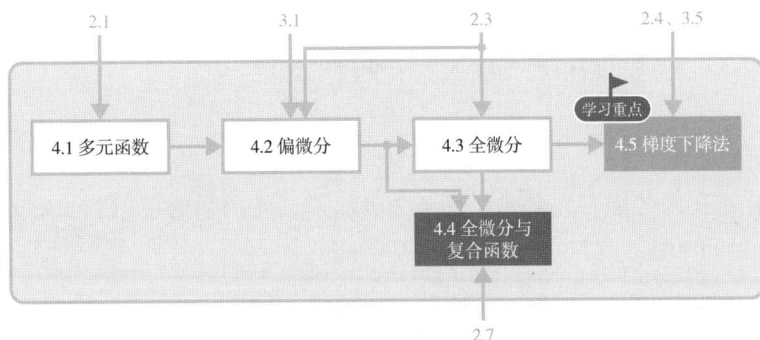

第 1 章介绍了通过输入一个变量来预测的一元回归模型，这种模型使用高中数学知识就能求解。但是，在机器学习模型、深度学习模型里，这种只有一个输入变量的情况寥寥无几。通常，类似用"身高"和"胸围"预测"体重"，**要用多个输入值做预测**。

这时，第 1 章里介绍过的损失函数就出现了多个参数（作为训练步的函数）。此时的机器学习模型、深度学习模型就是**多个变量**的函数，必须用到多元函数的微分。

本章把一元函数和微分的概念拓展到多元函数。拓展到多元函数的微分叫作**偏微分**。偏微分里也出现了向量的概念，所以一定要理解前文介绍的内容。

本章的最后将介绍"**梯度下降法**"。读过有关深度学习书的人，一定听说过这个词。既然要理解梯度下降法，偏微分的概念不可或缺。

虽然有看上去很难的公式，但是对于理解了此前章节微分和向量的本质的读者而言，这种程度不算难。因为我们的介绍紧跟基础概念，请务必好好理解。

4.1　多元函数

在之前介绍的函数中，输入一个变量 x，（从黑箱里）输出一个数值，如图 4-1 所示。

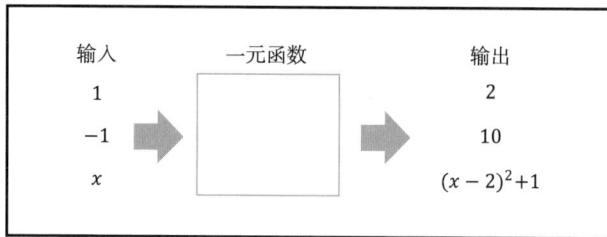

图 4-1　一元函数

本章里把这思路拓展到输入多个变量的情况。

二元函数情况

首先我们考虑二元函数。图 4-2 展示了二元函数的示意图。输入是 $(-1, 1)$ 和 $(0, 2)$ 等二元组，输出是数值 [1]。

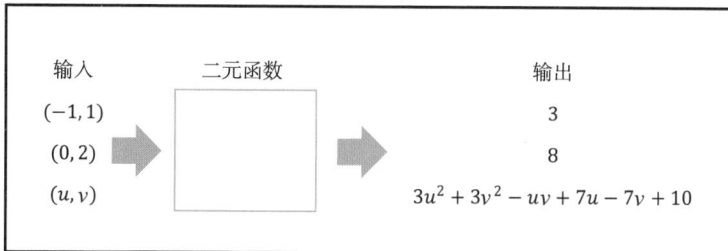

图 4-2　二元函数

然后我们考虑二元函数的图像。因为变量有两个，所以图像就没法表现成二维图像，而是表现成三维图像。

图 4-3 左边是二元函数 [2] $L(u, v) = 3u^2 + 3v^2 - uv + 7u - 7v + 10$ 的三维图像示意图。一元函数的图像是曲线，二元函数的图像就是三维空间中的曲面。

图 4-3 右边也展示了三维图像的等高线示意图。

向多元函数拓展

下面把二元函数的思路拓展到三元函数中。示例中的函数如下：

$$L(u, v, w) = 3u^2 + 3v^2 + 3w^2 - uv + uw + 7u - 7v - 7w + 10$$

---

1. x 表示输入，y 表示输出，这种写法在多元函数（此时 x 是向量）里也很常用。为避免混乱，本章输入变量使用 u 和 v。
2. 本书涉及的多元函数大多是损失函数，损失函数通常用 Loss 的首字母 L 来表示。因此二元函数就表示成 $L(u, v)$。

用同样的思路可以进一步拓展到 n 多元。

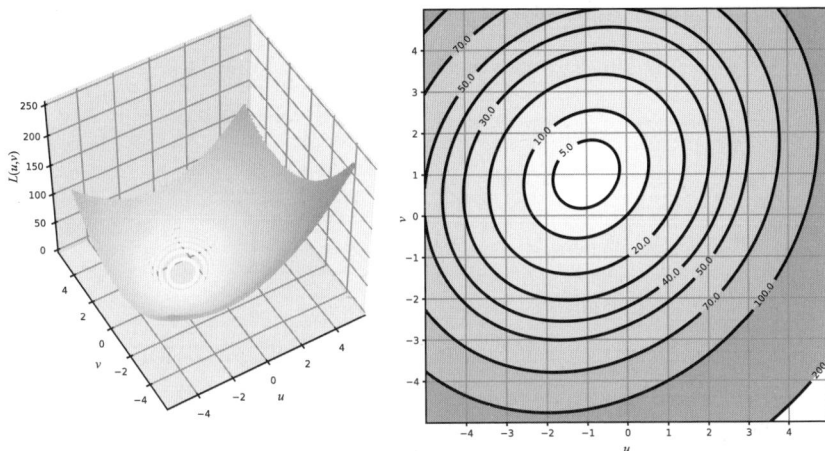

图 4-3　二元函数的三维图像示意图（左）和等高线示意图（右）

4.2　偏微分

我们考虑对上一节介绍的多元函数做微分。

想要同时捕捉多个变量变化的样子很难。因此，我们可考虑只让一个变量变化，固定住其他变量的方法。这方法叫作**偏微分**。

二元函数的情况

我们首先考虑二元函数的情况。对于二元函数 $L(u, v)$，常用的偏微分的写法是

$$\frac{\partial}{\partial u}L(u,v) \quad \text{以及} \quad \frac{\partial L}{\partial u}$$

后者是前者的简记。字母"d"和"∂"应该区分使用，类似第 2 章中一元函数的微分（与偏微分相对，叫作常微分）使用"d"，本章这样多元函数的微分（偏微分）使用"∂"。

除了使用以上写法以外，本书还会使用下面这种快速记法：

$$L_u(u, v) \text{ 以及 } L_u$$

这里后者是前者的简记[3]。

我们使用快速记法来计算以下二元函数的偏微分。

$$L(u, v) = 3u^2 + 3v^2 - uv + 7u - 7v + 10$$

把微分的对象以外的变量固定住，就变成了

$$L_u(u, v) = 6u - v + 7$$
$$L_v(u, v) = 6v - u - 7$$

这个理解起来很简单。

现在我们想想计算的偏微分在图 4-3 所示的三维图像中是什么意思呢？例如，$(u, v) = (0, 0)$ 处偏微分的值 $L_u(0, 0)$（根据上面计算结果是 7）在图像上有什么意义呢？

计算 u 的偏微分时，v 的值固定在 $v = 0$。这样就表示三维图像的曲面被 $v = 0$ 平面截断时的切口。

此时二元函数就变成了一元函数 $L(u, 0) = 3u^2 + 7u + 10$。如图 4-4 所示，偏微分 $L_u(0, 0)$ 就是曲面被 $v = 0$ 平面截断时的切口所对应的一元函数 $3u^2 + 7u + 10$ 在 $u = 0$ 处的斜率的意思。

同样，另一个偏微分 $L_v(0, 0)$ 就是曲面被 $u = 0$ 平面截断时的切口所对应的函数在 $v = 0$ 处的斜率。

向多元函数拓展

把同样的思路拓展到三元、多元函数。与现在一样，我们考虑把关注对象以外的变量固定住。例如前文中三元函数的偏微分计算：

$$L(u, v, w) = 3u^2 + 3v^2 + 3w^2 - uv + uw + 7u - 7v - 7w + 10$$

$$L_u(u, v, w) = 6u - v + w + 7$$
$$L_v(u, v, w) = 6v - u - 7$$
$$L_w(u, v, w) = 6w + u - 7$$

---

3. 4.4 节以后算式变复杂，我们还会逐渐用前者的写法。如果读者在记号方面有困难，请回到本节熟悉它。

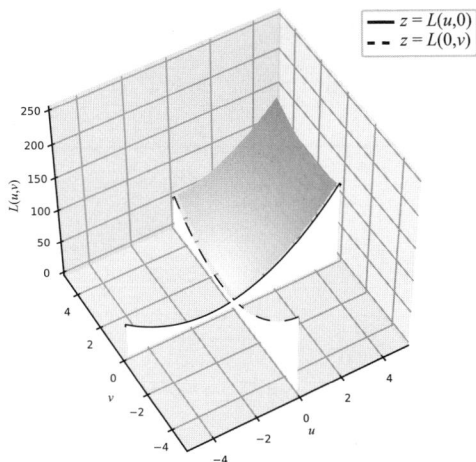

图 4-4　三维图像的切口

4.3　全微分

　　下面我们考虑在多元函数里，稍微变化输入的变量，观察函数值的变化程度。目的是构造相当于 2.3 节里的式（2.3.1）。这种把多元函数的函数值稍微变化的做法叫作**全微分**。

二元函数的全微分

　　我们先考虑二元函数。如果 u 和 v 都只变化一点点，即 $(u, v) \rightarrow (u + \mathrm{d}u, v + \mathrm{d}v)$，函数 $L(u, v)$ 的值怎样变化呢？

　　在微分的概念里，我们说过，所谓微分，就是**函数图像无限扩大，无限接近直线，以此性质捕捉函数变化的样子**。

　　我们在图 4-3 展示的三元函数图像上尝试使用这种方法。想象一下，**曲面图像无限放大，无限接近平面**。把曲面简略地当成平面考虑时，我们看看 $L(u + \mathrm{d}u, v + \mathrm{d}v)$ 与 $L(u, v)$ 相差有多少。

　　$\mathrm{d}x$ 是微小量，2.3.2 小节里的式（2.3.1）表示的一元函数 $f(x)$ 的变化为

$$f(x + \mathrm{d}x) \approx f(x) + f'(x)\mathrm{d}x$$

　　我们到二元函数上试试看。固定一个变量，稍微改变另一个变量，如前节所说，函数值的变化用偏微分表示，如图 4-5 所示。具体而言就是：

$$L(u + \mathrm{d}u, v) \approx L(u,v) + L_u(u,v)\mathrm{d}u$$

$$L(u, v + \mathrm{d}v) \approx L(u,v) + L_v(u,v)\mathrm{d}v$$

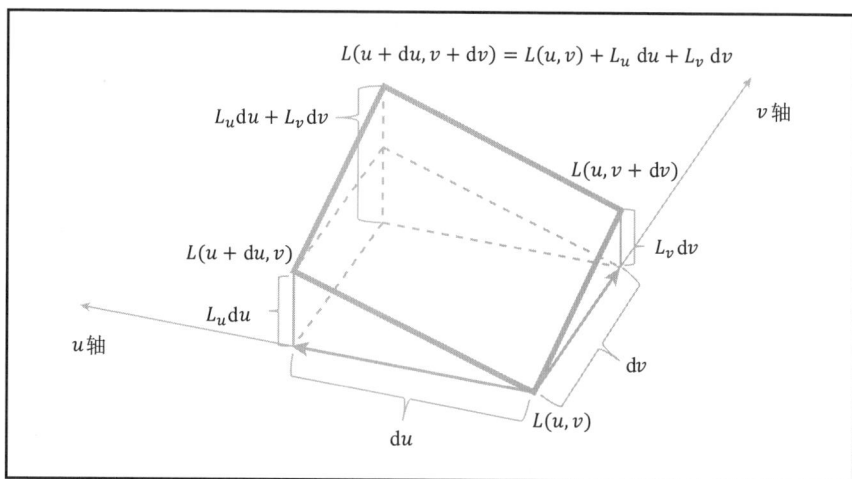

图 4-5　二元函数在少量变化时的样子

这样一来，图上粗线的四边形就是同一平面上的平行四边形[4]，所以

$$L(u + \mathrm{d}u, v + \mathrm{d}v) \approx L(u,v) + L_u(u,v)\mathrm{d}u + L_v(u,v)\mathrm{d}v$$

最后我们给开头提的问题"u 和 v 都少量变化（$(u, v) \to (u + \mathrm{d}u, v + \mathrm{d}v)$）时，函数 $L(u, v)$ 的值怎样变化"的答案是

$$L(u + \mathrm{d}u, v + \mathrm{d}v) - L(u,v) \approx L_u(u,v)\mathrm{d}u + L_v(u,v)\mathrm{d}v \quad （4.3.1）$$

这式子左边表示的是 (u, v) 少量变化（$\mathrm{d}u, \mathrm{d}v$）时 L 的值的变化，用 $\mathrm{d}L$ 表示。用这个 $\mathrm{d}L$ 改写式（4.3.1）：

$$\mathrm{d}L = L_u\mathrm{d}u + L_v\mathrm{d}v \quad （4.3.2）$$

或者用前一节开头说明的常用写法：

$$\mathrm{d}L = \frac{\partial L}{\partial u}\mathrm{d}u + \frac{\partial L}{\partial v}\mathrm{d}v \quad （4.3.3）$$

这就是大学教科书里出现的全微分公式[5]。

---

4. 前面所说"无限扩大的曲面理所当然就是平面"，这个直观感觉是下面讨论的前提。
5. 教科书的说明更难一些，但是对于理解深度学习，对微分理解到这个程度就足够了。

向多元函数拓展

将这个损失函数向三元函数或者多元函数拓展也很容易。

三元函数的情况

原来的函数：$L(u, v, w)$

全微分式：

$$\mathrm{d}L = \frac{\partial L}{\partial u}\mathrm{d}u + \frac{\partial L}{\partial v}\mathrm{d}v + \frac{\partial L}{\partial w}\mathrm{d}w$$

n 元函数的情况

原来的函数：$L(w_1, w_2, \cdots, w_n)$

全微分式：

$$\mathrm{d}L = \frac{\partial L}{\partial w_1}\mathrm{d}w_1 + \frac{\partial L}{\partial w_2}\mathrm{d}w_2 + \cdots + \frac{\partial L}{\partial w_n}\mathrm{d}w_n = \sum_{i=1}^{n} \frac{\partial L}{\partial w_i}\mathrm{d}w_i$$

4.4　全微分与复合函数

2.7 节里介绍过复合函数的微分公式：

$$\frac{\mathrm{d}y}{\mathrm{d}x} = \frac{\mathrm{d}y}{\mathrm{d}u} \cdot \frac{\mathrm{d}u}{\mathrm{d}x}$$

我们把此式与前一节的全微分组合起来，看看会变成什么形式。这个形式的微分在机器学习和深度学习里十分常见，所以请务必好好理解。

中间变量 u 为向量时

图 4-6 展示了函数的变化模式。

3 个变量 x_1, x_2, x_3 作为函数的输入。3 个变量通过多元函数变成 u_1, u_2 两个中间变量。然后，中间变量 u_1, u_2 通过函数 $L(u_1, u_2)$ 得到最终的 L。

本节的目标是求 "L 对 x_1 做偏微分的结果是什么"。我们必须考虑复合函数与全微分的组合了。

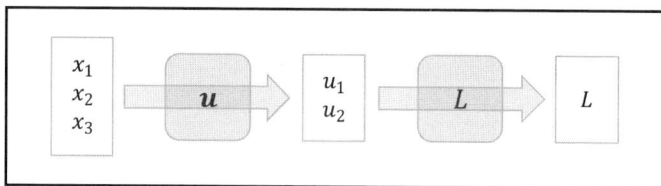

图 4-6　函数的变化模式

图 4-6 模式下的算式如下：

$$u_1 = u_1(x_1,\ x_2,\ x_3)$$
$$u_2 = u_2(x_1,\ x_2,\ x_3)$$
$$L = L(u_1,\ u_2)$$

或者，我们用 $\boldsymbol{x} = (x_1,\ x_2,\ x_3)$，$\boldsymbol{u} = (u_1,\ u_2)$ 两个向量，就化简成为下面的算式（像 $\boldsymbol{u}(\boldsymbol{x})$ 这样的结果是向量的函数可以叫作向量值函数）。

$$\boldsymbol{u} = \boldsymbol{u}(\boldsymbol{x})$$
$$L = L(\boldsymbol{u})$$

根据复合函数的思路，我们把 L 当成 $x_1,\ x_2,\ x_3$ 的函数 $L(x_1,\ x_2,\ x_3)$ 来考虑。那么 L 对 x_1 做偏微分的结果怎样用 $u_1,\ u_2$ 和 L 来表示呢？

首先，我们把上节导出的全微分公式用于 $u_1,\ u_2$ 和 L。根据全微分公式，L 作为 $u_1,\ u_2$ 的函数有：

$$\mathrm{d}L = \frac{\partial L}{\partial u_1}\mathrm{d}u_1 + \frac{\partial L}{\partial u_2}\mathrm{d}u_2 \qquad (4.4.1)$$

两边在形式上"除以 ∂x_1"，就是 x_1 的偏微分。那么下式就成立了[6]。

$$\frac{\partial L}{\partial x_1} = \frac{\partial L}{\partial u_1}\frac{\partial u_1}{\partial x_1} + \frac{\partial L}{\partial u_2}\frac{\partial u_2}{\partial x_1} \qquad (4.4.2)$$

在式（4.4.2）里，原来的函数 L 看作复合函数 $L(x_1,\ x_2,\ x_3)$，就得到 L 对 x_1 的偏微分。这么说太抽象了，下面我们尝试用具体的函数实际计算偏微分。

---

6. 这是非常直观的说法。得经过严密的数学证明才能有式（4.4.2）成立。因为直观的感觉可以从分数除法类推，以上这些就不深究了。

$$u_1(x_1,\ x_2,\ x_3) = w_{11}x_1 + w_{12}x_2 + w_{13}x_3$$

$$u_2(x_1,\ x_2,\ x_3) = w_{21}x_1 + w_{22}x_2 + w_{23}x_3$$

$$L(u_1,\ u_2) = u_1^2 + u_2^2$$

计算偏微分必须用到式（4.4.2），结果如下：

$$\frac{\partial L}{\partial u_1} = 2u_1$$

$$\frac{\partial L}{\partial u_2} = 2u_2$$

$$\frac{\partial u_1}{\partial x_1} = w_{11}$$

$$\frac{\partial u_2}{\partial x_1} = w_{21}$$

（4.4.3）

将式（4.4.3）计算出来的偏微分代回式（4.4.2），结果如下：

$$\frac{\partial L}{\partial x_1} = \frac{\partial L}{\partial u_1}\frac{\partial u_1}{\partial x_1} + \frac{\partial L}{\partial u_2}\frac{\partial u_2}{\partial x_1} = 2u_1 \cdot w_{11} + 2u_2 \cdot w_{21} = 2(u_1 \cdot w_{11} + u_2 \cdot w_{21})$$

这样就得到了例题中 L 对 x_1 的偏微分。

一般地，将式（4.4.2）推广到 $x_2,\ x_3$ 时写法如下：

$$\frac{\partial L}{\partial x_i} = \frac{\partial L}{\partial u_1}\frac{\partial u_1}{\partial x_i} + \frac{\partial L}{\partial u_2}\frac{\partial u_2}{\partial x_i} \quad i = 1,2,3 \qquad (4.4.4)$$

进一步，推广到 $u_1,\ u_2,\ \cdots,\ u_n$ 的 n 元函数的一般结果如下：

$$\frac{\partial L}{\partial x_i} = \frac{\partial L}{\partial u_1}\frac{\partial u_1}{\partial x_i} + \frac{\partial L}{\partial u_2}\frac{\partial u_2}{\partial x_i} + \cdots + \frac{\partial L}{\partial u_n}\frac{\partial u_n}{\partial x_i} = \sum_{j=1}^{n}\frac{\partial L}{\partial u_j}\frac{\partial u_j}{\partial x_i} \quad (4.4.5)$$

这个形式的偏微分计算在实践篇十分常用，请记牢。

中间变量 u 是一维的值（标量）的情况

图 4-7 是图 4-6 的一个特例：u 的输出不是向量而是一维的值（标量）。这样的复合函数在实践篇也会出现，所以我们先确定公式。

首先，因为 L 是 u 的一元函数，没有相当于式（4.4.1）的偏微分，而有常微分：

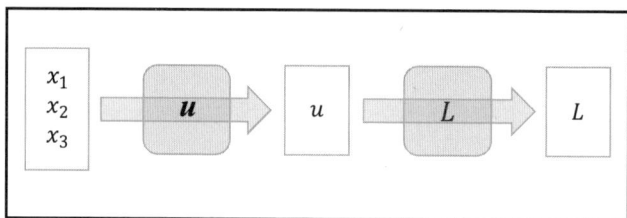

图 4-7　**u** 的输出是一元函数的情况

$$dL = \frac{dL}{du} \cdot du \qquad (4.4.6)$$

使用相同方法在形式上"除以 ∂x_1"可得：

$$\frac{\partial L}{\partial x_1} = \frac{dL}{du} \cdot \frac{\partial u}{\partial x_1}$$

对 x_i 一般化，得到：

$$\frac{\partial L}{\partial x_i} = \frac{dL}{du} \cdot \frac{\partial u}{\partial x_i} \qquad (4.4.7)$$

4.5　梯度下降法

我们终于到了本章最后的主题——梯度下降法的介绍了。该算法的目标如下。

> 给定某个二元函数 $L(u, v)$，求使 $L(u, v)$ 最小的 (u, v) 的值 (u_{min}, v_{min})。

为实现这个目的，我们这样做：

（1）确定一个 (u, v) 的初始值 (u_0, v_0)。

（2）从该点出发，找到 $L(u, v)$ 减少最多的方向。

（3）沿着（2）中找到的方向，把 (u_0, v_0) 稍微变化一点，得到 (u_1, v_1)。

（4）从新点 (u_1, v_1) 出发，循环操作（2）（3）[7]。

---

7. 此处之前的函数中的下标，都是为了区分向量的分量，但是本节里处理循环时，下标表示循环操作的次数。阅读时请注意下标的不同含义。

经过循环计算，(u, v) 在二维空间中逐点移动，移动量就是前文中介绍的"向量"。

向量有"方向"和"大小"，以上说法换成向量的语言就是：

（1）是决定表示移动量的**向量的"方向"**的问题；

（2）是决定表示移动量的**向量的"大小"**的问题。

我们很在意这两个问题怎么解决，但是留待后文讨论。首先，对于图 4-8 所示 (u, v) 坐标上的点，循环操作时是怎么移动的，请看图 4-9 到图 4-11。

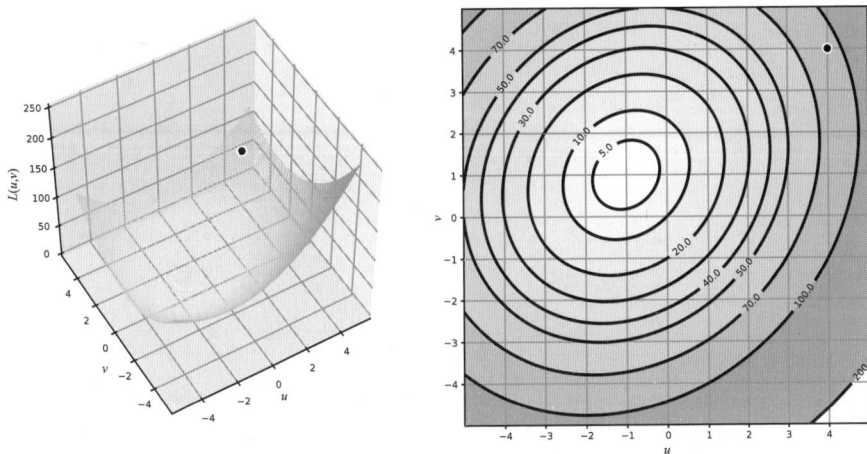

图 4-8　二元函数的图像与 (u, v) 的初始值

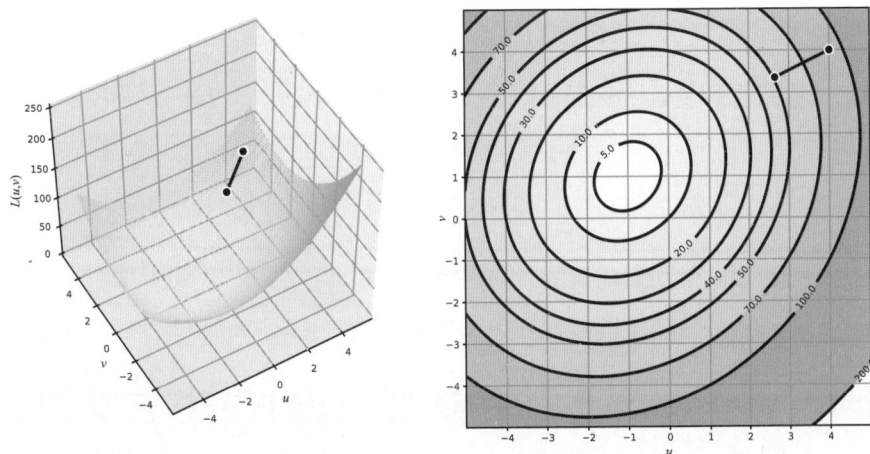

图 4-9　循环操作 1 次后的图像

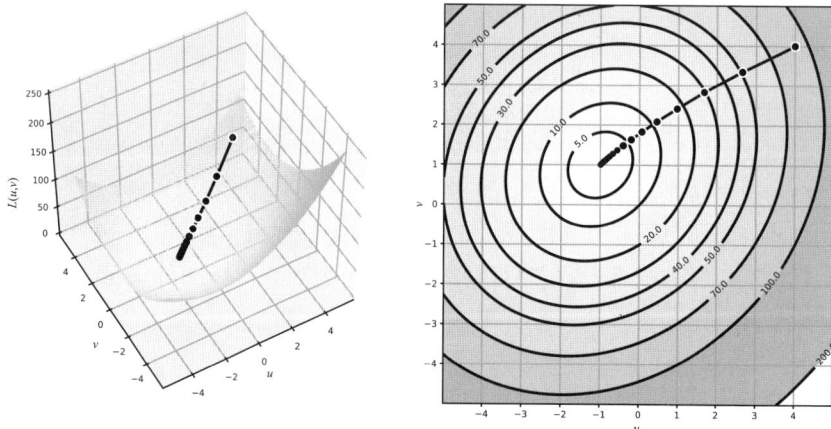

图 4-10　循环操作 5 次后的图像

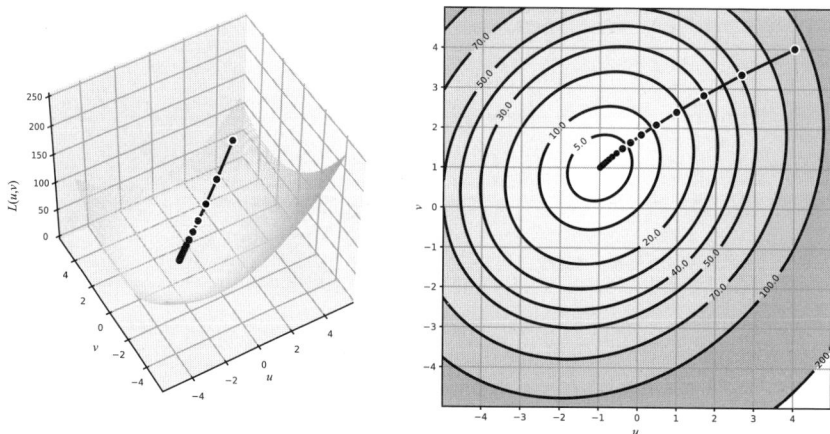

图 4-11　循环操作 20 次后的图像

　　我们看到接近"碗底"时，循环操作的图像已经没什么变化了。以上一连串循环操作叫作**梯度下降法**。

　　为了改进这个操作，我们留下的问题就十分重要。

　　问题一：移动量向量的方向是什么

　　问题二：移动量向量的大小是什么

　　首先我们解决问题一。在第 k 次循环操作中，假定 $(u, v) = (u_k, v_k)$。这时，问题一就是：**从 (u_k, v_k) 往哪个方向才能移动到 (u_{k+1}, v_{k+1})** 呢？

这里加个前提，我们假设循环操作中向量移动的样子如图 4-12 所示，往下一步移动的量很小，移动的长度 $\sqrt{(\mathrm{d}u)^2+(\mathrm{d}v)^2}$ 为定值。

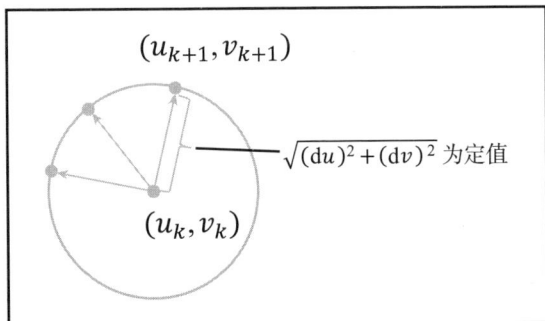

图 4-12　循环操作中向量移动的样子

根据此前提，使用 4.3 节导出的全微分公式，函数 $L(u, v)$ 的变化量是 $\mathrm{d}L(u, v)$，可表示成

$$\mathrm{d}L(u_k, v_k) = L_u(u_k, v_k)\mathrm{d}u + L_v(u_k, v_k)\mathrm{d}v$$

进一步，考虑此式右边为**向量** $(L_u(u_k, v_k), L_v(u_k, v_k))$ **与向量** $(\mathbf{d}u, \mathbf{d}v)$ 的内积。通过 3.5 节向量内积的公式可知下式成立。

$$\mathrm{d}L(u_k, v_k) = (L_u(u_k, v_k), L_v(u_k, v_k)) \cdot (\mathrm{d}u, \mathrm{d}v)$$

记 (L_u, L_v) 与 $(\mathrm{d}u, \mathrm{d}v)$ 两个向量的角度为 θ，根据内积公式可得：

$$
\begin{aligned}
\mathrm{d}L(u_k, v_k) &= (L_u(u_k, v_k), L_v(u_k, v_k)) \cdot (\mathrm{d}u, \mathrm{d}v)\\
&= |(L_u, L_v)|\,|(\mathrm{d}u, \mathrm{d}v)|\cos\theta
\end{aligned}
\tag{4.5.1}
$$

因为我们考虑的是点 (u_k, v_k) 的瞬间情况，因此 L_u 和 L_v 确定，且 $\sqrt{(\mathrm{d}u)^2+(\mathrm{d}v)^2}$ 也为定值。

于是式（4.5.1）右边变化的只有"$\cos\theta$"部分，据此得知[8]"**函数 L 稍微变化 $\mathbf{d}L$，由两个向量的夹角 θ 决定，最小值取在向量 (L_u, L_v) 与向量 $(\mathbf{d}u, \mathbf{d}v)$ 反向的时候**"，如图 4-13 所示。

总而言之，关于问题"**移动量向量的方向是什么**"，我们可以回答"**与函数 $L(u, v)$ 在 (u_k, v_k) 的偏微分 $(L_u(u_k, v_k), L_v(u_k, v_k))$ 恰好反向就可以**"。

---

8. 详细情况请参考 3.5 节。

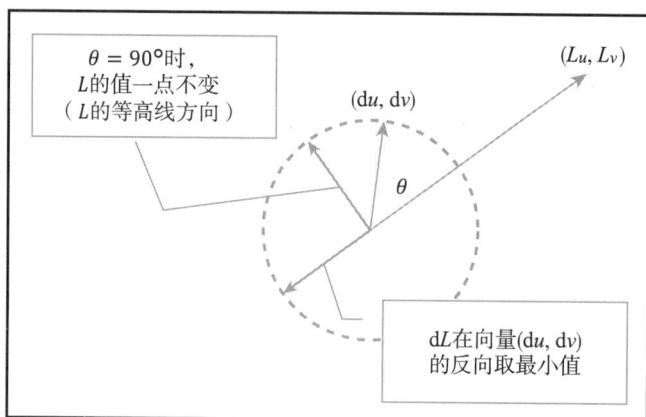

图 4-13　(du, dv) 的方向与函数 L 的变化量的关系

关于另一个问题"**移动量向量的大小是什么**"怎么办呢？这个问题用一元函数的方法迎刃而解。

图 4-14 展示了微分值与移动量的关系。这是 $f(x) = x^2$ 的图像，从图像上的 4 个点开始，把微分值乘上一定值（–0.1），移动量如箭头所示。

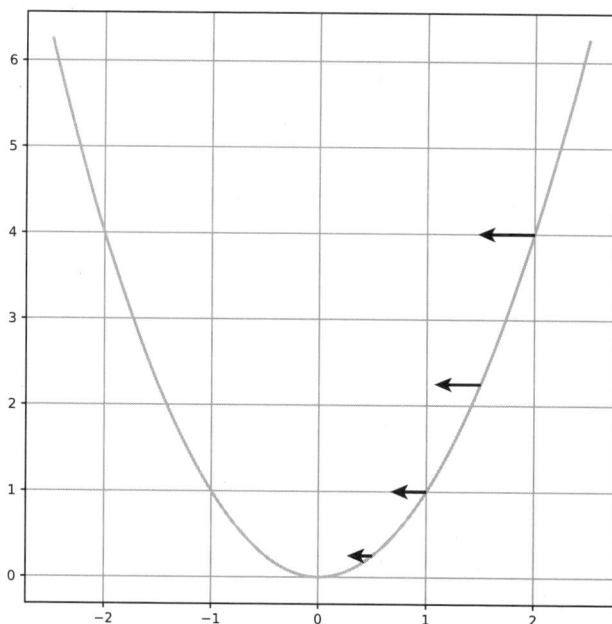

图 4-14　微分值与移动量的关系

$f(x)$ 在 $x=0$ 处取最小值，观察可得

・离 $x=0$ 越远→$f(x)$ 的微分值越大，移动量越大；
・离 $x=0$ 越近→$f(x)$ 的微分值越小，移动量越小。

因而可以说"在每个点上的移动量是**微分值乘上负的一定值**"。虽然这里没有严格的证明，我们知道对多元函数也适用。这就回答了第二个问题"移动量的大小"。

总结以上分析，得出算式：

$$\begin{pmatrix} u_{k+1} \\ v_{k+1} \end{pmatrix} = \begin{pmatrix} u_k \\ v_k \end{pmatrix} - \alpha \begin{pmatrix} L_u(u_k, v_k) \\ L_v(u_k, v_k) \end{pmatrix} \quad (4.5.2)$$

式（4.5.2）就是**梯度下降法公式**。公式里出现的参数 α（图 4-14 里的 0.1）就是机器学习和深度学习里最重要的参数，也叫**学习率**。

各位读者，从之前的分析，我们可得：

· 学习率过大→不利于收束到极小值；

· 学习率过小→学习效率差、计算时间长。

因此，机器学习和深度学习里的循环操作，必须对每个问题设定适当的学习率。

从式（4.5.2）开始，我们明白了用梯度下降法计算移动量就是计算损失函数的偏微分。**机器学习和深度学习的循环操作计算的本质就是求解损失函数的微分**。

等高线·梯度向量

在图 4-13 中，$\theta=90°$ 的方向上，函数 L 的值不变。因此我们可知与向量 (L_u, L_v) 垂直的小向量构成的曲线就是 L 函数的等高线。用梯度下降法求极小值时，小向量前进的方向与 L 的等高线通常有垂直关系。这可以从图 4-8 到图 4-11 的右图来确认。

u、v 平面各点的梯度向量的负向如图 4-15 所示。所谓梯度下降法，就是沿着各点的箭头（梯度向量的负向）求 $L(u, v)$ 最小值点的方法。

三维、多维拓展

以上说明全是关于二元函数的。这里我们拓展到三维。

函数 L 是 $L(u, v, w)$ 三元函数时，梯度下降法如下式：

$$\begin{pmatrix} u_{k+1} \\ v_{k+1} \\ w_{k+1} \end{pmatrix} = \begin{pmatrix} u_k \\ v_k \\ w_k \end{pmatrix} - \alpha \begin{pmatrix} L_u(u_k, v_k, w_k) \\ L_v(u_k, v_k, w_k) \\ L_w(u_k, v_k, w_k) \end{pmatrix}$$

虽然具体算式省略了，但这个梯度下降法的式子可以拓展到多维。

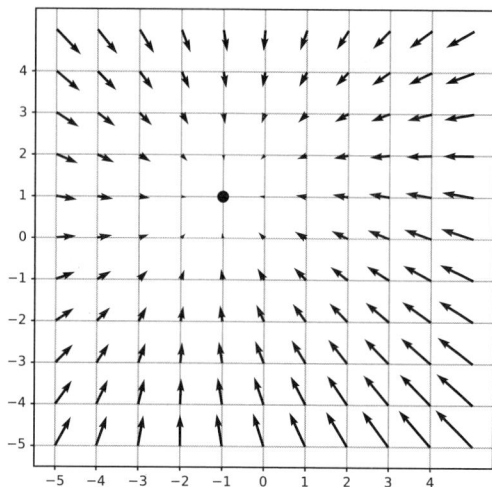

图 4-15 (u, v) 平面各点的梯度向量的负向

 梯度下降法与局部最优解

图 4-16 展示了局部最优解不是最小值的例子。

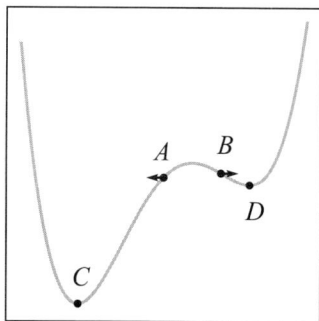

图 4-16 局部最优解不是最小值的例子

这个一元函数有 2 个极小值。这种情况下，如果以点 A 为初始点做梯度下降，能够到达最小值 C 点，但是如果以点 B 为初始点做梯度下降，只能收敛到相当于极小值的点 D，不是最小值。因此，梯度下降法并不是必然能找到最小值点。为了避免这种梯度下降法收束到局部最优而不是最小值的情况，可以使用**随机梯度下降法**。通常的梯度下降法里，训练步用全体值的平均值来定义损失函数，用它的偏微分值来变更参数，与此相对，随机梯度下降法每回随机抽一个训练数据，用这个点的信息来计算梯度。

随机梯度下降法里，减少了止步于**局部最优解**的风险，但是有循环操作不易收敛的缺点。使用全部训练数据计算损失函数的方法叫作 **batch 训练法**，还有介于 batch 训练法与随机梯度下降法之间的 **minibatch 训练法**，这种方法在训练数以万计数据的情况中很常用。本书第 10 章的深度学习里用到了 minibatch 训练法。

第 5 章　指数函数与对数函数

本章结构

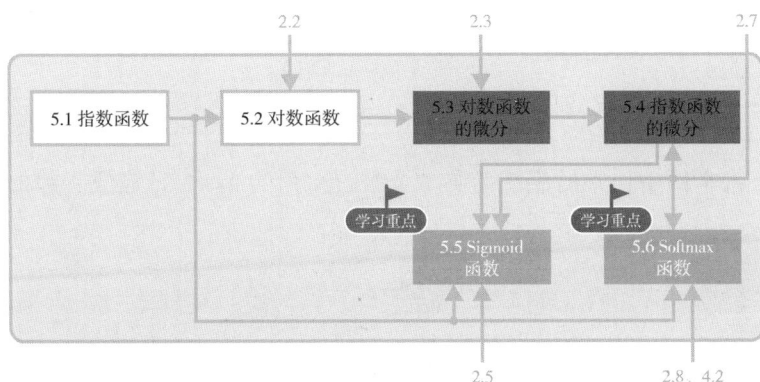

正如第 1 章介绍的那样，深度学习模型的基础逻辑回归模型的预测函数和损失函数里出现了指数函数和对数函数。因此，要理解机器学习，就必须理解指数函数和对数函数。那么，本章就研究一下这两个函数的性质。

名为"自然常数"的数字非常神奇，它用字母"e"表示，在研究这两个函数的微分中一定会出现。本章的进阶阅读中，解释了以自然常数为底的对数为何叫"自然对数"。本章的后半，还详细介绍了机器学习里不可或缺的 Sigmoid 函数和 Softmax 函数。

5.1　指数函数

首先从容易建立直观印象的指数函数开始介绍。

5.1.1　连乘的定义与法则

首先，我们复习一下指数函数的原始思想——连乘。

$$4 \text{ 可写成 } 2 \times 2$$
$$8 \text{ 可写成 } 2 \times 2 \times 2$$

类似这样将同一个数多次相乘时可写作

$$4 = 2^2$$
$$8 = 2^3$$

像这样把重复次数用数字写在右上角的简写方法就是连乘的定义。

连乘的运算法则

把 $4 \times 8 = 32$ 改写成连乘的形式，就变成：

$$2^2 \times 2^3 = 2^{(2+3)} = 2^5$$

当将本例中连乘的底 2 替换成 a，右上角的 2、3 替换成一般的自然数 m、n，得

$$a^m \times a^n = a^{m+n} \qquad (5.1.1)$$

另有

$$(2^2)^3 = 2^2 \times 2^2 \times 2^2 = (2 \times 2) \times (2 \times 2) \times (2 \times 2) = 2^{2 \times 3}$$

成立，将其一般化，得

$$(a^m)^n = a^{m \times n} \qquad (5.1.2)$$

我们把式（5.1.1）和式（5.1.2）叫作连乘的运算法则。

5.1.2 连乘的拓展

现在我们考虑把 m 和 n 拓展到 0 和负数，最后再拓展到全体有理数上。

向 0 拓展

因为 $n = 0$ 时连乘的法则成立，故下式立刻成立。

$$a^m \times a^0 = a^{m+0} = a^m \qquad (5.1.3)$$

又因为 $a^m \neq 0$，在式（5.1.3）两边除以 a^m，可得：

$$a^0 = 1 \qquad (5.1.4)$$

向负整数拓展

用 $a^0=1$ 进一步把连乘的运算法则向负整数拓展：

$$a^m \times a^{-m}=a^{m-m}=a^0=1 \qquad （5.1.5）$$

将式（5.1.5）两边除以 a^m，得到下式：

$$a^{-m} = \frac{1}{a^m} \qquad （5.1.6）$$

例如，使用式（5.1.6），计算负整数个连乘：

$$2^{-3} = \frac{1}{2^3} = \frac{1}{8}$$

向 $\frac{1}{n}$ 拓展

假定式（5.1.2）对形如 $\frac{1}{n}$ 的分数成立，则有下式成立：

$$\left(a^{\frac{1}{n}}\right)^n = a^{\left(\frac{1}{n}\cdot n\right)} = a^1 = a$$

$a^{\frac{1}{n}}$ 这个数，就是连乘 n 次变成 a 的数，因此叫作 a 的 n 次根。所以下式成立：

$$a^{\frac{1}{n}} = \sqrt[n]{a} \qquad （5.1.7）$$

例如，使用式（5.1.6），计算下面的连乘积 [1]。

$$8^{\frac{1}{3}} = \sqrt[3]{8} = 2$$

向有理数拓展

如果 x 是有理数，可以写成下面的形式。其中，p 是自然数，q 是整数。

$$x = \frac{q}{p}$$

那么，对任意有理数 x 就可以计算 a^x：

$$a^x = a^{\frac{q}{p}} = (\sqrt[p]{a})^q$$

例如，计算 8 的 $-\frac{2}{3}$ 次方：

---

1. "8 的 3 次根" = "连乘 3 次变成 8 的数"，所以答案是 2。

$$8^{-\frac{2}{3}} = \left(8^{\frac{1}{3}}\right)^{-2} = \left(\sqrt[3]{8}\right)^{-2} = 2^{-2} = \frac{1}{4}$$

5.1.3　向函数拓展

对于全部有理数 x，可以计算出 a^x。当 x 是无理数时，因为无理数可以近似为有理数，那么对全部实数 x，都可计算出 a^x。因此，当 a 是正实数时

$$f(x) = a^x$$

这个函数叫作**指数函数**。

指数函数的图像

这里我们尝试描绘一个指数函数 $f(x) = 2^x$ 的图像。我们先给出指数函数 $f(x)$ 的值如表 5-1 所示。

表 5-1　指数函数 $f(x)$ 的值

x	-2	$-\dfrac{3}{2}$	-1	$-\dfrac{1}{2}$	0	$\dfrac{1}{2}$	1	$\dfrac{3}{2}$	2
$f(x)$	$\dfrac{1}{4}$	$\dfrac{1}{2\sqrt{2}}$	$\dfrac{1}{2}$	$\dfrac{1}{\sqrt{2}}$	1	$\sqrt{2}$	2	$2\sqrt{2}$	4

把这个表里的 $(x, f(x))$ 作为点的 x 坐标、y 坐标并画出，然后连接点，可得图 5-1 所示的图像。

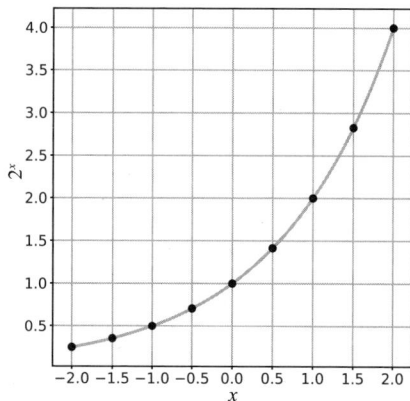

图 5-1　$f(x) = 2^x$ 的图像

现在尝试画 $f(x) = \left(\dfrac{1}{2}\right)^x$ 的图像。首先，给出指数函数 $f(x)$ 的值如表 5-2 所示。

表 5-2　指数函数 $f(x) = \left(\dfrac{1}{2}\right)^x$ 的值

x	-2	$-\dfrac{3}{2}$	-1	$-\dfrac{1}{2}$	0	$\dfrac{1}{2}$	1	$\dfrac{3}{2}$	2
$f(x)$	4	$2\sqrt{2}$	2	$\sqrt{2}$	1	$\dfrac{1}{\sqrt{2}}$	$\dfrac{1}{2}$	$\dfrac{1}{2\sqrt{2}}$	$\dfrac{1}{4}$

以此表为基础，画出 $f(x) = \left(\dfrac{1}{2}\right)^x$ 的图像如图 5-2 所示。可以看出图 5-2 就是将 $f(x) = 2^x$ 的图像关于直线 $x=0$ 翻转而得。

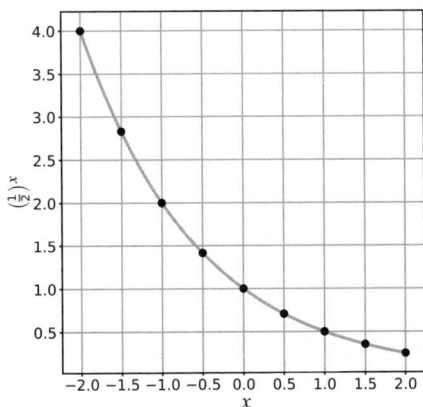

图 5-2　$f(x) = \left(\dfrac{1}{2}\right)^x$ 的图像

指数函数的性质

与连乘的运算法则一样，以下公式对指数函数 $f(x) = a^x$ 成立。这些公式在下节研究对数函数的性质时会发挥重要作用。

$$a^x \times a^y = a^{x+y} \tag{5.1.8}$$

$$\frac{a^y}{a^x} = a^{y-x} \tag{5.1.9}$$

$$\frac{1}{a^x} = a^{-x} \tag{5.1.10}$$

$$(a^x)^y = a^{xy} \qquad\qquad （5.1.11）$$

图 5-3 是指数函数的公式示意图。请把上面的公式全都记牢。式（5.1.10）是式（5.1.9）在 $y=0$ 时的情况。

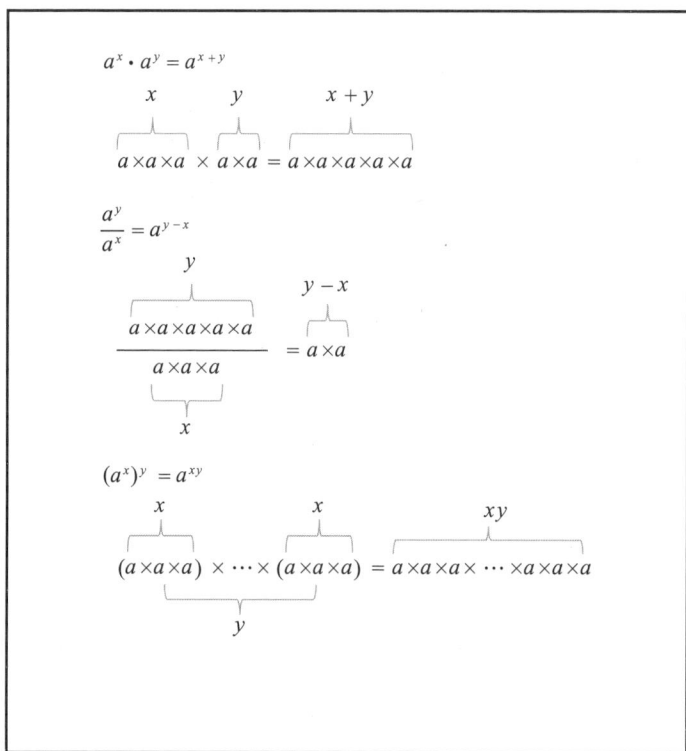

图 5-3　指数函数的公式示意图

5.2　对数函数

本节介绍对数函数。对数函数与指数函数不同，在现实世界中没有具体例子，很难对这个概念有直观感受。通常，是把它当作指数函数的反函数来理解。

对数函数的定义

我们已学习了上一节最后总结的式（5.1.8）~式（5.1.11）的指数函数性质，"原来的数字的世界"与"对数的世界"如图 5-4 所示，对数将乘法计算转化成为加法计算。

例如：

$$64 \times 32$$

可以改为计算

$$2^6 \times 2^5$$

根据式（5.1.8）可得

$$2^{6+5} = 2^{11} = 2048$$

原来的数字的世界　　64　×　32　＝　2048

对数的世界　　　　　2^6　×　2^5

　　　　　　　　　　　$2^{(6+5)}$　＝　2^{11}

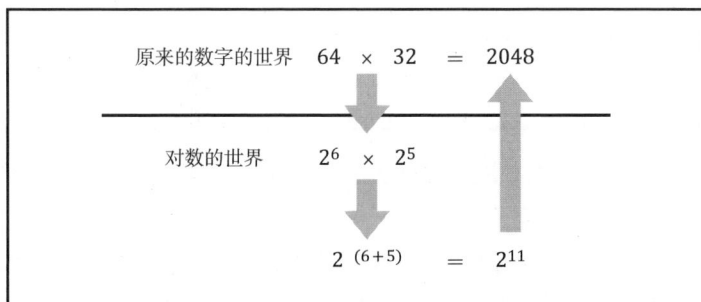

图 5-4　"原来的数字的世界"与"对数的世界"

因此，对于某些正数 X, Y 和 a，当无法直接计算 $X \times Y$ 时，只需写成

$$a^x = X, \ a^y = Y$$

的形式，转而寻找 x 和 y。再做 $x + y$ 的加法，得到其和为 z，就可以求出 $X \times Y$ 的值是 a^z 了。

在给定 X 和 a 时，求 $a^x = X$ 中的 x，就是**求函数 $y = a^x$ 的反函数**。这个函数叫作**以 a 为底的对数函数**。记为

$$y = \log_a x$$

对数函数的图像

如 2.2 节所说，反函数的图像与原函数的图像关于直线 $y = x$ 有对称关系。对图 5-1 展示的 $y = 2^x$ 的图像使用此规律，得到反函数

$$y = \log_2 x$$

的图像如图 5-5 所示。为了对比，把原函数 $y = 2^x$ 的图像也用黑色曲线

一并画出。

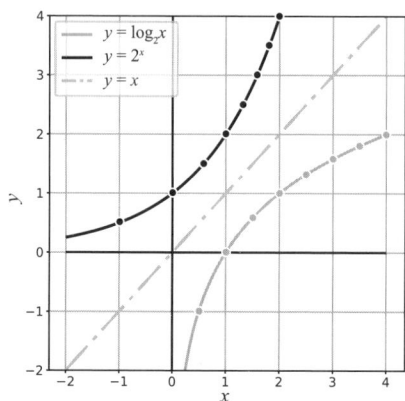

图 5-5 $y = \log_2 x$ 的图像

　　一定要注意，**对数函数只对正的值才有定义**。这与其反函数指数函数取值只能是正的相对应。

　　对于函数 $f(x)$，x 的取值范围叫作**定义域**，$f(x)$ 的取值范围叫作**值域**。因此可说，指数函数的值域为正，对数函数的定义域为正。

对数函数的性质

　　将反映指数函数性质的式（5.1.8）~式（5.1.11）改写成对数函数的形式如下。

对式（5.1.8）$a^x \times a^y = a^{x+y}$ 作变换：

$X \times Y = a^{x+y}$	左边的 a^x，a^y 换成 X，Y
$\log_a (X \times Y) = x + y$	两边以 a 为底求对数
$\log_a (X \times Y) = \log_a X + \log_a Y$	右边的 x，y 换成 $\log_a X$，$\log_a Y$

对式（5.1.9）$\dfrac{a^y}{a^x} = a^{y-x}$ 作变换：

$\dfrac{Y}{X} = a^{y-x}$	左边的 a^x，a^y 换成 X，Y
$\log_a \left(\dfrac{Y}{X} \right) = y - x$	两边以 a 为底求对数
$\log_a \left(\dfrac{Y}{X} \right) = \log_a Y - \log_a X$	右边的 x，y 换成 $\log_a X$，$\log_a Y$

对式（5.1.10）$\dfrac{1}{a^x} = a^{-x}$ 作变换：

$$\dfrac{1}{X} = a^{-x} \qquad\qquad\qquad\qquad 左边的\ a^x\ 换成\ X$$

$$\log_a\left(\dfrac{1}{X}\right) = -x \qquad\qquad\qquad 两边以\ a\ 为底求对数$$

$$\log_a\left(\dfrac{1}{X}\right) = -\log_a X \qquad\qquad 右边的\ x\ 换成\ \log_a X$$

对式（5.1.11）$(a^x)^y = a^{xy}$ 作变换：

$$X^y = a^{xy} \qquad\qquad\qquad\qquad\quad 左边的\ a^x\ 换成\ X$$

$$\log_a(X^y) = xy \qquad\qquad\qquad\qquad 两边以\ a\ 为底求对数$$

$$\log_a(X^y) = y\log_a X \qquad\qquad\quad 右边的\ x\ 换成\ \log_a X$$

在后文中的对数函数的微分计算和实践篇里会多次使用这些性质，我们总结**对数函数的公式**如下。

$$\log_a(X \times Y) = \log_a X + \log_a Y \qquad\qquad （5.2.1）$$

$$\log_a\left(\dfrac{Y}{X}\right) = \log_a Y - \log_a X \qquad\qquad （5.2.2）$$

$$\log_a\left(\dfrac{1}{X}\right) = -\log_a X \qquad\qquad\qquad （5.2.3）$$

$$\log_a(X^y) = y\log_a X \qquad\qquad\qquad\qquad （5.2.4）$$

换底公式

对数函数的公式里出现的 a（log 的下标）叫作对数的"底"。那么，对数函数的底变化时，函数值会怎样变化呢？

首先，考虑

$$X = a^x \qquad\qquad\qquad\qquad\qquad\qquad （5.2.5）$$

这里，我们尝试对式子两边以 **b** 为底求对数。

$$\log_b X = \log_b(a^x) \qquad\qquad\qquad\qquad （5.2.6）$$

对式（5.2.6）的右边使用式（5.2.4），可得

$$\log_b (a^x) = x \log_b a$$

进一步，把式（5.2.5）改写成对数形式

$$x = \log_a X$$

得到

$$\log_b X = \log_a X \log_b a$$

等式左右两边同除以 $\log_b a$

$$\log_a X = \frac{\log_b X}{\log_b a} \qquad （5.2.7）$$

最后得到的式（5.2.7）就叫作**换底公式**。根据换底公式可知，对数函数无论以谁为底，得到的都是原来函数的常数倍。它们之间的比值就是 $\log_b a$。

因此考虑对数函数时，底数是谁没有本质区别。

专栏 对数函数包含的意义

虽说对数函数是作为指数函数的反函数来定义的，但是这种定义方式有点从天而降的感觉，不知有何实际意义。

首先，我们从历史发展的角度说明。在台式电子计算机还没出现的时代，对数是从"**乘法简算**"的愿景中诞生的。

对于原来的数值，从对数表查找数值的对数值，用加法代替乘法，根据对数表将加法的结果变回到原来数值的乘法结果。或者用对数工具"**对数尺**"读取刻度，也可以做同样的计算。

现代社会用计算机做计算很方便，这样的用途就消失了。但是，如果认为对数的必要性也消失，则是无稽之谈。请看下面一个使用对数的例子。

图 5-6 是通常刻度下销售收入前 50 位的公司。第一名遥遥领先，但是第 10 名以后的数值太小读不出差别。

那么，同一个图，纵坐标取对数会如何呢？

图 5-7 展示了对数刻度下的销售收入前 50 位的公司，第 30 位和第 40 位的区别也能从图上读出来。

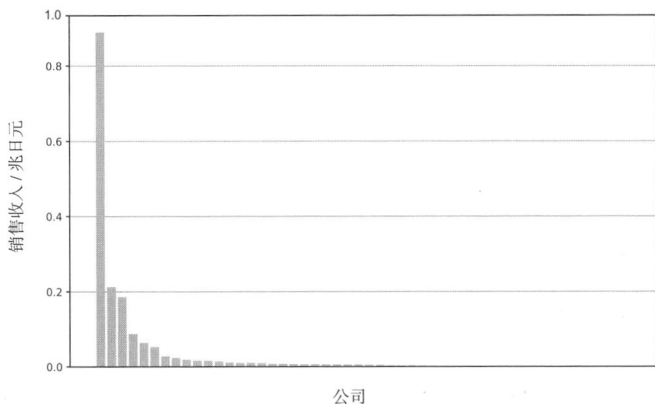

图 5-6　通常刻度下销售收入前 50 位的公司

　　这样，对数函数扮演**将大数和小数同等对待的特殊刻度**的角色。这个性质将在第 6 章出现的似然函数的概念导入中大显神威。

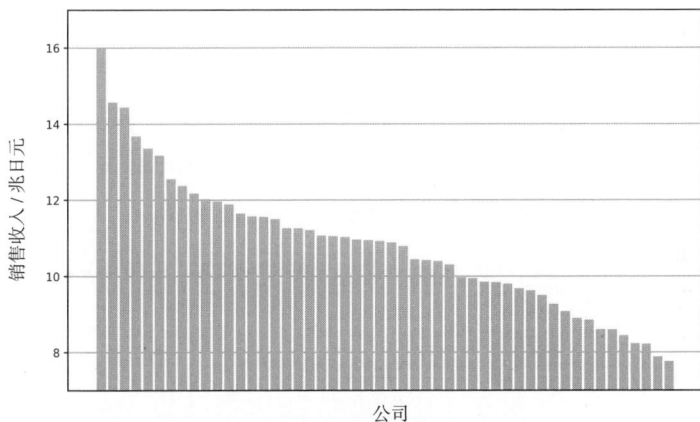

图 5-7　对数刻度下销售收入前 50 位的公司

5.3　对数函数的微分

　　前文中，我们简单研究了对数函数是什么函数、有什么性质。本节尝试研究对数函数 $f(x) = \log_a x$ 的微分。

　　根据微分的定义可得

$$f'(x) = \lim_{h \to 0} \frac{\log_a (x + h) - \log_a x}{h}$$

根据式（5.2.2）可得

$$\log_a (x + h) - \log_a x = \log_a \left(\frac{x + h}{x} \right) = \log_a \left(1 + \frac{h}{x} \right)$$

设 $h' = \dfrac{h}{x}$，则 $h = xh'$，得到

$$f'(x) = \lim_{h' \to 0} \frac{\log_a (1 + h')}{xh'} = \frac{1}{x} \lim_{h' \to 0} \frac{\log_a (1 + h')}{h'} = \frac{1}{x} \lim_{h' \to 0} \log_a \left((1 + h')^{\frac{1}{h'}} \right)$$

中间变形是因为 x 不参与 lim 的计算，所以可以提到 lim 之外。最后的变形是使用式（5.2.4）。

最后的式子中，lim 式子里不含 x。因此，lim 的计算结果为

$$\lim_{h' \to 0} \log_a \left((1 + h')^{\frac{1}{h'}} \right) \tag{5.3.1}$$

如果该式子收敛到 k，则

$$f'(x) = \frac{k}{x}$$

可见，对数函数的微分就是**倒数** $y = \dfrac{1}{x}$ 的常数倍。

那么，k 究竟是多少呢？为了求它，我们研究式（5.3.1）的极限是多少。将 h' 改写回 h，就有

$$\lim_{h \to 0} (1 + h)^{\frac{1}{h}}$$

尝试实际计算一下。当 h 趋近于 0 时，其近似为 $2.71828\cdots$。这个极限值叫作**自然常数**，用**符号** e 来表示，以 e 为底的对数函数用 ln 表示。

到此，对数函数并没有把底定成特定的值，只是用字母 a 进行计算。如果我们以 e 为底来代替 a，可得

$$\lim_{h \to 0} \ln(1 + h)^{\frac{1}{h}} = \ln e = 1$$

然后可得以 e 为底的对数函数 $f(x) = \ln x$ 的微分为

$$f'(x) = \frac{1}{x} \tag{5.3.2}$$

以 e 为底的对数函数叫作**自然对数**。

在很多书里，以 e 为底的自然对数可以不用特意写底数的值。本书也是，以后就遵从这个原则来表示对数。

专栏 用 **Python** 计算自然常数

我们用 Python 编程计算对数函数微分计算里出现的极限式

$$\lim_{h \to 0} (1 + h)^{\frac{1}{h}} = e$$

编程计算自然常数如图 5-8 所示。

```
import numpy as np
np.set_printoptions(precision=10)
x = np.logspace(0, 11, 12, base=0.1, dtype='float64')
y = np.power(1+x, 1/x)
for i in range(11):
    print( 'x = %12.10f y = %12.10f' % (x[i], y[i]))

x = 1.0000000000 y = 2.0000000000
x = 0.1000000000 y = 2.5937424601
x = 0.0100000000 y = 2.7048138294
x = 0.0010000000 y = 2.7169239322
x = 0.0001000000 y = 2.7181459268
x = 0.0000100000 y = 2.7182682372
x = 0.0000010000 y = 2.7182804691
x = 0.0000001000 y = 2.7182816941
x = 0.0000000100 y = 2.7182817983
x = 0.0000000010 y = 2.7182820520
x = 0.0000000001 y = 2.7182820532
```

图 5-8　编程计算自然常数

也可以画图确认。因为自然对数 $f(x) = \ln x$ 的微分是 $f'(x) = \dfrac{1}{x}$ ，$f(x)$ 在 $x = 1$ 处的切线方程是

$$y - \ln 1 = \frac{1}{1} (x - 1)$$

因此自然有

$$y = x - 1$$

我们来实际确认一下。

图 5-9 展示了对数图像。这是 $y = x - 1$ 的图像与 $y = \log_a x$ 的对数底 a 分别取 2、e、6 时的图像的叠合。恰恰在 $a = \mathrm{e}$ 时，我们观察到对数图像与直线 $y = x - 1$ 相切。

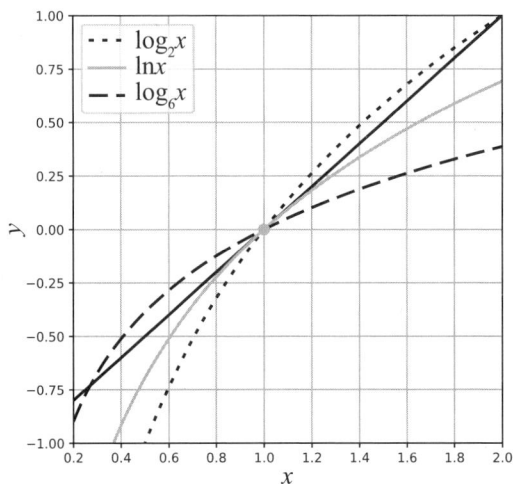

图 5-9 对数图像

5.4 指数函数的微分

下面我们研究指数函数的微分。在对数函数中，我们以 e 为底得到了漂亮的微分式。那么，在指数函数中，我们也先以 e 为底试试看吧。

我们考虑指数函数 $y = \mathrm{e}^x$。因为指数函数与对数函数互为反函数，就有

$$x = \ln y$$

因为

$$\frac{\mathrm{d}x}{\mathrm{d}y} = (\ln y)' = \frac{1}{y}$$

根据 2.7 节说明过的反函数的微分公式，有

$$\frac{\mathrm{d}y}{\mathrm{d}x} = \frac{1}{\dfrac{\mathrm{d}x}{\mathrm{d}y}} = \frac{1}{\dfrac{1}{y}} = y$$

y 的微分是 y 本身。把 y 改写成 e^x 的形式，得到

$$(e^x)' = e^x \qquad\qquad (5.4.1)$$

这就是**以自然常数 e 为底的指数函数的微分公式**。

关于底不为自然常数的指数函数的微分，我们可以采用把 $y=a^x$ 两边取自然对数再做微分的方式求解（这样的微分计算方法叫作对数微分法）。

$$\ln y = \ln a^x = x \ln a$$

两边对 x 取微分

$$\frac{\mathrm{d}\ln y}{\mathrm{d}x} = \frac{\mathrm{d}x \ln a}{\mathrm{d}x} = \ln a \qquad\qquad (5.4.2)$$

根据复合函数的微分公式可得：

$$\frac{\mathrm{d}\ln y}{\mathrm{d}x} = \frac{\mathrm{d}\ln y}{\mathrm{d}y}\frac{\mathrm{d}y}{\mathrm{d}x} = \frac{1}{y}\frac{\mathrm{d}y}{\mathrm{d}x} \qquad\qquad (5.4.3)$$

根据式（5.4.2）和式（5.4.3）

$$\ln a = \frac{1}{y}\frac{\mathrm{d}y}{\mathrm{d}x}$$

故而

$$y' = \frac{\mathrm{d}y}{\mathrm{d}x} = y \ln a = a^x \ln a \qquad\qquad (5.4.4)$$

这样就得到底不为自然常数的指数函数的微分公式。

专栏 以自然常数 e 为底的指数函数的写法

在以自然常数 e 为底的指数函数的微分就是其自身。这一美妙性质在本书后文中会频频登场。

实际上，这种指数函数常常作为参数出现在复杂的复合函数里。典型的例子是 6.2 节中的正态分布函数。

指数函数右上角的式子如果很复杂，读起来就很辛苦。故而经常把 "e^x" 的写法用 "$\exp(x)$" 的写法来代替。

本节考虑形如下式的函数。它叫作 Sigmoid 函数 [2]。

$$y = \frac{1}{1 + \exp(-x)}$$

这个函数的图像如图 5-10 所示。

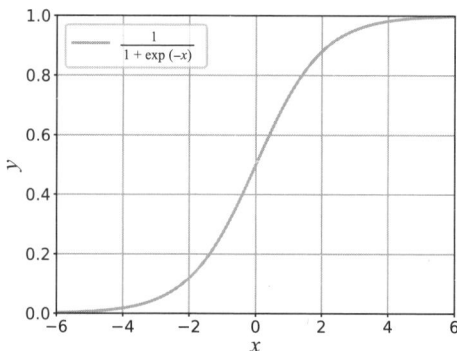

图 5-10   Sigmoid 函数的图像

通过观察我们知道它有以下性质。

· 不断上升（有这种性质的函数叫作单调增函数）；

· x 的值趋近 $-\infty$ 时，函数值趋近 0；

· x 的值趋近 $+\infty$ 时，函数值趋近 1；

· $x = 0$ 时的函数值是 0.5；

· 图像关于点 $(0, 0.5)$ 对称。

最后一个性质我们计算一下就能确认。

$$f(x) = \frac{1}{1 + \exp(-x)}$$

这时

---

2. 所谓 Sigmoid 函数是含有参数 a 的，可以表示成函数 $y = \dfrac{1}{1 + \exp(-ax)}$。不含参数 a 的函数叫作标准 Sigmoid 函数，但是，机器学习领域里通常都省略地叫作 Sigmoid 函数，本书也这么称呼。

$$f(x) + f(-x) = \frac{1}{1 + \exp(-x)} + \frac{1}{1 + \exp(x)}$$

$$= \frac{1}{1 + \exp(-x)} + \frac{\exp(-x)}{1 + \exp(-x)} = 1$$

因此

$$\frac{1}{2}(f(x) + f(-x)) = \frac{1}{2}$$

这表明 $(x, f(x))$ 和 $(-x, f(-x))$ 两个点的中点确定是 $\left(0, \frac{1}{2}\right)$ ，与 x 无关。

这些性质与第 6 章介绍的概率分布函数特点（用连续的值表示概率值的函数）非常吻合。基于这个理由，Sigmoid 函数在机器学习的分类模型里，被作为内部结构广泛使用。

虽然 Sigmoid 函数外形有点复杂，但综合运用现有的公式也可以计算微分。

首先

$$y = \frac{1}{1 + \exp(-x)}$$

设中间函数为

$$u(x) = 1 + \exp(-x)$$

原函数转换为

$$y(u) = \frac{1}{u}$$

使用复合函数的微分公式可得

$$\frac{dy}{dx} = \frac{dy}{du} \cdot \frac{du}{dx}$$

把等号右边的第一部分计算微分：

$$\frac{\mathrm{d}y}{\mathrm{d}u} = \left(\frac{1}{u}\right)' = (u^{-1})' = (-1) \cdot u^{-2} = -\frac{1}{u^2}$$

对 $\dfrac{\mathrm{d}u}{\mathrm{d}x}$ 再用一次复合函数的微分公式，用 v 替换 $-x$。u 与 v 就有以下关系：

$$u = 1 + \exp(-x) = 1 + \exp(v)$$

故而

$$\frac{\mathrm{d}u}{\mathrm{d}x} = \frac{\mathrm{d}u}{\mathrm{d}v} \cdot \frac{\mathrm{d}v}{\mathrm{d}x} = \exp(v) \cdot (-1) = -\exp(-x)$$

所以微分结果为

$$\frac{\mathrm{d}y}{\mathrm{d}x} = -\frac{1}{u^2} \cdot [-\exp(-x)] = \frac{\exp(-x)}{[1 + \exp(-x)]^2} = \frac{1 + \exp(-x) - 1}{[1 + \exp(-x)]^2}$$

$$= \frac{1}{1 + \exp(-x)} - \frac{1}{[1 + \exp(-x)]^2} = y - y^2 = y(1 - y)$$

总结可得

$$f'(x) = y(1 - y) \tag{5.5.1}$$

式（5.5.1）就是 **Sigmoid 函数的微分结果**。可以看出，**只需原来的函数的值就能计算微分值**。Sigmoid 函数的这个性质，在后文的机器学习模型里会被灵活应用。

5.6 Softmax 函数

前节介绍的 Sigmoid 函数是输入实数，输出 0~1 的值（可以把输出解释为概率值）的函数。

这里开始介绍 Softmax 函数，该函数输入向量，输出 0~1 的值，值的个数与向量长度一样。其他的作用与 Sigmoid 函数类似，也是可以把输出解释成概率值的函数。与第 4 章介绍的 N 输入 1 输出的多元函数相比，这个是 N 输入 N 输出，因此可以把 Softmax 函数当成多元函数拓展出的函数（可以称为"向量值函数"）。

图 5-11 展示了 $N=3$ 时 Softmax 函数的示意图。

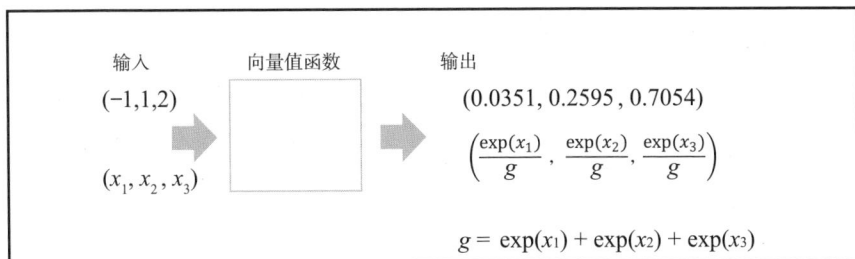

图 5-11 $N=3$ 时 Softmax 函数示意图

输入向量：(x_1, x_2, x_3)

输出向量：(y_1, y_2, y_3)

输出值如下式所示：

$$\begin{cases} y_1 = \dfrac{\exp(x_1)}{g(x_1, x_2, x_3)} \\ y_2 = \dfrac{\exp(x_2)}{g(x_1, x_2, x_3)} \\ y_3 = \dfrac{\exp(x_3)}{g(x_1, x_2, x_3)} \end{cases}$$

其中，$g(x_1, x_2, x_3) = \exp(x_1) + \exp(x_2) + \exp(x_3)$。

从定义我们立刻就能知道

$$y_1 + y_2 + y_3 = 1$$

$$0 \leqslant y_i \leqslant 1 \quad (i = 1, 2, 3)$$

输出的 3 个值可以当作概率使用。

然后我们尝试计算这个函数的微分。这里的函数是多元函数，因此需要使用 4.2 节介绍的偏微分。

对于下标相同的 x 和 y，做偏微分计算很简单，令 $\exp(x_1) = h(x_1)$，可得

$$y_1 = \frac{h(x_1)}{g(x_1, x_2, x_3)} = \frac{h}{g}$$

使用 2.8 节介绍的商的微分公式（2.8.1）[3]

可得

$$\frac{\partial y_1}{\partial x_1} = \frac{g \cdot h_{x_1} - h \cdot g_{x_1}}{g^2}$$

---

3. 严格地说，是"使用式（2.8.1）的偏微分的拓展形式"。

其中
$$h_{x_1} = [\exp(x_1)]' = \exp(x_1) = h$$

$$g_{x_1} = \frac{\partial g}{\partial x_1} = \exp(x_1) = h$$

因此，得到计算结果：

$$\frac{\partial y_1}{\partial x_1} = \frac{g \cdot h - h \cdot h}{g^2} = \frac{h}{g} \cdot \frac{g - h}{g} = \frac{h}{g} \cdot \left(1 - \frac{h}{g}\right) = y_1(1 - y_1)$$

偏微分的结果可以只用原来的函数值 y_1 来表示，并且与前节计算的 Sigmoid 函数的微分结果式（5.5.1）相同。

那么，对于下标不同的 x 和 y 又如何呢？举例来说，我们试计算 y_2 对 x_1 的偏微分。

$$y_2 = \frac{\exp(x_2)}{g(x_1, x_2, x_3)} = \frac{h(x_2)}{g}$$

这回，分子的式子对于 x_1 可以看作定值（$h'=0$），所以

$$\frac{\partial y_2}{\partial x_1} = \frac{g \cdot h(x_2)_{x_1} - h(x_2) \cdot g_{x_1}}{g^2} = \frac{g \cdot 0 - h(x_2) \cdot g_{x_1}}{g^2} = -\frac{h(x_2) \cdot g_{x_1}}{g^2}$$

因为 g_{x_1} 是 g 对 x_1 做偏微分的结果，根据前文可得结果就是 $h(x_1)$。故而有

$$\frac{\partial y_2}{\partial x_1} = -\frac{h(x_2) \cdot h(x_1)}{g^2} = -\frac{h(x_2)}{g} \cdot \frac{h(x_1)}{g} = -y_2 \cdot y_1$$

总结以上结果，可得下式：

$$\frac{\partial y_j}{\partial x_i} = \begin{cases} y_i(1 - y_i) & (i = j) \\ -y_i y_j & (i \neq j) \end{cases} \qquad (5.6.1)$$

这就是 **Softmax** 函数的偏微分结果。

专栏 **Sigmoid 函数与 Softmax 函数的关系**

我们从计算结果看，Sigmoid 函数与 Softmax 函数之间颇有关联。我们计算 $N=2$ 时的 Softmax 函数可得

$$y_1 = \frac{\exp(x_1)}{\exp(x_1) + \exp(x_2)} = \frac{1}{1 + \exp(-(x_1 - x_2))}$$

如果我们把 $(x_1 - x_2)$ 换成 x，就会发现它与 Sigmoid 函数的结果相同。因此可得，$N=2$ 时 Softmax 函数实际上就是 Sigmoid 函数，反过来，把 Sigmoid 函数拓展到 $N=3$ 以上维度就可以认为是 Softmax 函数。

Sigmoid 函数与 Softmax 函数的关系就是这样，也就成了实践篇的二分类（第 8 章）与多分类（第 9 章）之间的关系。

第6章　概率与统计

本章结构

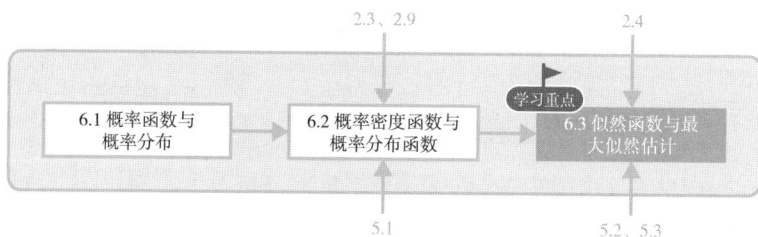

理论篇的最后一章，是概率与统计。

在分类的监督学习模型中，逻辑回归模型是与深度学习模型关系最深的，使用该模型概率的思维必不可少。因为既然要预测某个输入数据属于哪个类型，就要从"计算它属于这个类型的概率"开始。

基于观测值，在一类概率模型中，寻找概率最高的最优参数，是逻辑回归模型学习的基础思想。

本章中虽然有大量概率统计概念，但都是围绕与机器学习和深度学习关系密切的概念来解说。

6.1　概率函数与概率分布

所谓概率，就是**某事件发生的可能性，其大小通常**用比例来表示。

概率在数学上用 $P(X)$ 来表示，但是需要注意一点，函数中用**不同的开头字母**如 $f(x)$，$g(x)$ 来区别不同的函数，而概率中开头字母都是 P，用**不同变量名**来区别不同概率，例如 $P(X)$，$P(Y)$ 等。

X 和 Y 叫作随机变量。例如

X：　"投掷硬币一次哪面朝上"
Y：　"投掷骰子一次的点数"

这就是**随机变量**。

上例中，我们知道：

$X=\{\ 正，反\ \}$，有 2 个值；
$Y=\{1, 2, 3, 4, 5, 6\}$，有 6 个值。

使用随机变量，例如

$$P(X=\ 正\ )=1/2$$
$$P(Y=2)=1/6$$

就表示成了概率。

我们整理概率与函数的写法，得到表 6-1。

表 6-1 概率与函数的写法

	表示全体	特定的值
函数	$f(x), g(x)$	$f(2), g(-3)$
概率	$P(X), P(Y)$	$P(X=\ 正\ ), P(Y=2)$

对于随机变量的各个可能取值，将概率值汇总成表格形式叫作**概率分布**。对于上例中随机变量 X 和 Y，概率分布分别如表 6-2、表 6-3 所示。

表 6-2 X 的概率分布

随机变量 X	正	反
$P(X)$	1/2	1/2

表 6-3 Y 的概率分布

随机变量 Y	1	2	3	4	5	6
$P(Y)$	1/6	1/6	1/6	1/6	1/6	1/6

我们可以把上面的内容拓展到复合的随机变量。例如，在投掷硬币的例子里，随机变量 X_n 可以定义成"投 n 回硬币，正面朝上的次数"。

像这种"单次结果取 1 或者 0，独立试验 n 次后，1 的结果出现次数"的随机变量，它的概率分布叫作**二项分布**。

$n=1, 2, 3, 4$ 时，二项分布如表 6-4 所示。

表 6-4 二项分布

n	随机变量 X_n	0	1	2	3	4
1	$P(X_1)$	1/2	1/2	—	—	—
2	$P(X_2)$	1/4	2/4	1/4	—	—
3	$P(X_3)$	1/8	3/8	3/8	1/8	—
4	$P(X_4)$	1/16	4/16	6/16	4/16	1/16

概率分布可以用直方图表示。这时的图像叫作**簇状图**。上例中，当 $n=2, 3, 4$ 时的概率分布簇状图分别如图 6-1、图 6-2、图 6-3 所示。

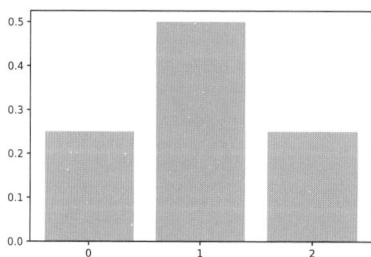

图 6-1　概率分布簇状图 ($n=2$)

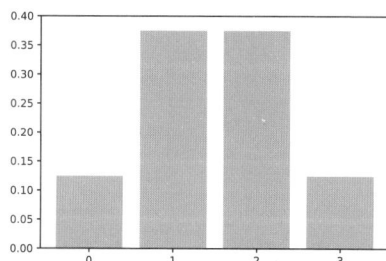

图 6-2　概率分布簇状图 ($n=3$)

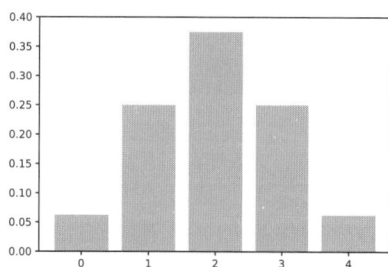

图 6-3　概率分布簇状图 ($n=4$)

当 n 增大时，簇状图变成什么样呢？使用 Python，我们尝试画出 $n=10, 100, 1000$ 时的概率分布簇状图，如图 6-4、图 6-5、图 6-6 所示。

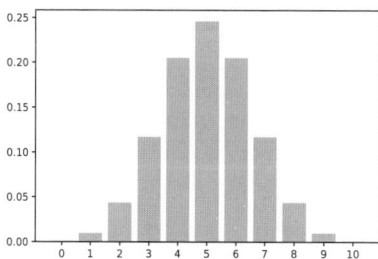

图 6-4　概率分布簇状图 ($n=10$)

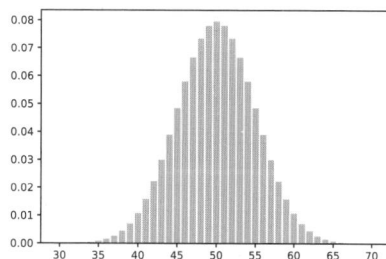

图 6-5　概率分布簇状图 ($n=100$)

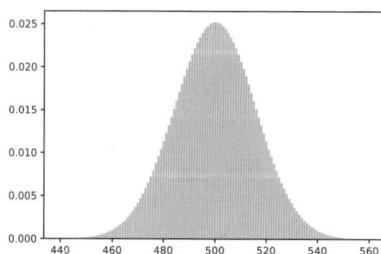

图 6-6　概率分布簇状图 ($n=1000$)

从图 6-5 和图 6-6 可以想象，当 n 增大时，二项分布的簇状图会渐渐接近某个连续函数。

这个函数叫作**正态函数**，它的表达式为

$$f(x, \mu, \sigma) = \frac{1}{\sqrt{2\pi}\sigma} \exp\left(-\frac{(x-\mu)^2}{2\sigma^2}\right)$$

其中，当 $P(X_1=1)=p$ 时，有 $\mu=np$，$\sigma^2=np(1-p)$。

我们把二项分布趋近正态分布的性质，叫作**中心极限定理**。

在前一小节的例子中，取 1（硬币取正面）的概率为 $p=1/2$ 时，$\mu=np=n/2$、$\sigma^2=np(1-p)=n/4$，得到下式（将 $n/2$ 用 m 代换）：

$$P(X_n = x) \approx \frac{1}{\sqrt{m\pi}} \exp\left(-\frac{(x-m)^2}{m}\right)$$

真是这样吗？我们用 Python 编程绘制正态分布函数与二项分布簇状图，如图 6-7 所示。图 6-8 是二项分布与正态分布函数叠加的图像。

两个图像几乎完全一致，看来中心极限定理确实是正确的。

实际上，我们可以认为**随机变量取连续值**时，**概率就是正态分布之类的连续函数**。此时的正态分布的函数也叫作**概率密度函数**。

```python
import numpy as np
import scipy.special as scm
import matplotlib.pyplot as plt

# 正态分布函数的定义
def gauss(x, n):
    m = n/2
    return np.exp(-(x-m)**2 / m) /  np.sqrt(m * np.pi)

# 正态分布函数叠加二项分布
N = 1000
M = 2**N
X = range(440,561)
plt.bar(X, [scm.comb(N, i)/M for i in X])
plt.plot(X, gauss(np.array(X), N), c='k', linewidth=2)
plt.show()
```

图 6-7　绘制正态分布函数与二项分布簇状图

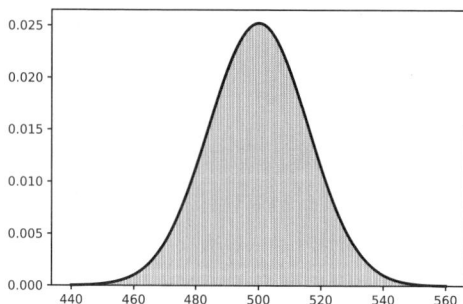

图 6-8　二项分布与正态分布函数叠加的图像

我们尝试根据概率密度函数求概率。以 $n=1000$ 时的二项分布簇状图（图 6-9）为例，用正态分布函数近似该图像，试求概率值。

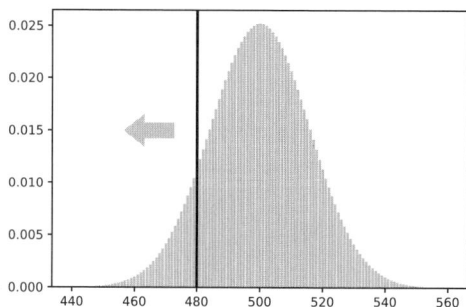

图 6-9　$n=1000$ 的二项分布簇状图

图 6-9 可以分割成很多细细的长方形，长方形的面积加起来是 1（概率论中，不相交的事件的概率和为 1。请看图 6-1、图 6-2、图 6-3 等簇状图。可以推测，当 n 渐渐变大时，长方形的面积相加为 1 也成立）。

考虑以下条件的概率：

$$P(X_{1000} \leqslant 480)$$

此条件用语言表达就是"求投掷硬币 1000 次，正面朝上的次数在 480 次以下的概率"。

我们知道，这个概率就是图 6-9 箭头所示部分的长方形的面积和。因为连续函数的面积就是积分（参见 2.9 节），我们知道想求的概率就能用以下积分式近似表示[1]

$$P(X_{1000} \leqslant 480) \approx \int_{0}^{480} f(x)\mathrm{d}x$$

---

1. 簇状图里 x 的最小值是 440，但是因为该二项分布中 $x=0$ 也可以取到值，所以积分从 0 开始。

在正态函数里代入 $m = 1000/2 = 500$，得到

$$f(x) = P(X_n = x) \approx \frac{1}{\sqrt{500\pi}} \exp\left(-\frac{(x-500)^2}{500}\right)$$

此式里的积分 $f(x)$ 用 Python 计算数值的程序及输出结果如图 6-10 所示。

```
import numpy as np
from scipy import integrate
def normal(x):
    return np.exp(-((x-500)**2)/500) / np.sqrt(500*np.pi)
integrate.quad(normal, 0, 480)

(0.10295160536603419, 1.1220689434463503e-13)
```

图 6-10 程序及输出结果

数值计算的结果大约是 0.1。因此我们就知道"投掷硬币 1000 次，正面朝上的次数在 480 以下的概率"约 10%。对于概率函数取连续值的事件，计算实际的概率值就是**计算概率密度函数的积分**。我们把**概率密度函数的原函数**叫作**概率分布函数**。

专栏 **正态分布函数与 Sigmoid 函数**

由上文可得，想从实数值出发求概率值时，使用正态分布函数是很自然的选择。但是，机器学习模型里使用的函数是 Sigmoid 函数，通常并不使用正态分布函数。

最大的原因是，当概率密度函数为正态分布时，其积分结果（概率分布函数）没有解析解（没法用函数式表达）。

反之，定义成 Sigmoid 函数的

$$f(x) = \frac{1}{1 + \exp(-x)}$$

它的微分（概率密度函数）是

$$f'(x) = f(x)(1 - f(x))$$

该微分式能用原来的函数值表达。

换句话说，我们在本节描述的概率：
概率密度函数：$f(x)(1-f(x))$

概率分布函数：$f(x)$

两个式子算起来都很简单。

此外，Sigmoid 函数的概率密度函数与正态分布函数图像非常相似。在图 6-11 所示的函数图像中：

sig 表示从 Sigmoid 函数计算的概率密度函数 $f(x)(1-f(x))$；

std 表示均值为 0，标准差为 1.6 的正态分布函数（概率密度函数）。

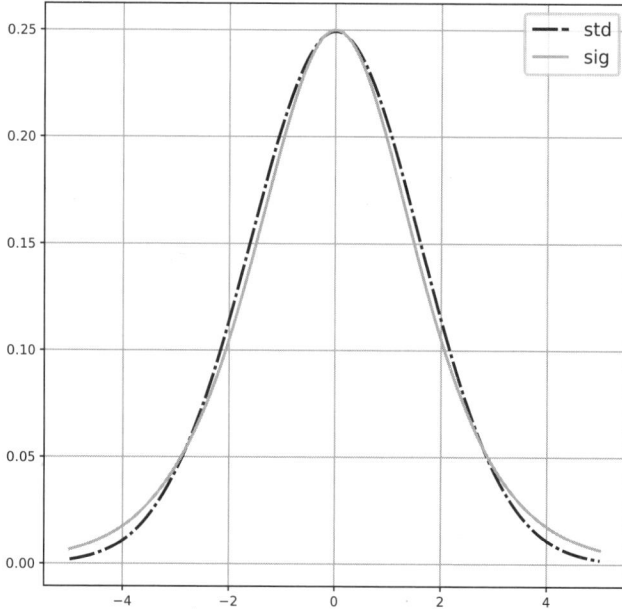

图 6-11　函数图像

计算起来又简单，与正态分布函数又相似，故机器学习模型中广泛使用 Sigmoid 函数。

6.3　似然函数与最大似然估计

我们考虑以下问题。

假设有一台抽签机器，中奖的概率恒定，如果多次抽签，每次的结果都与之前的结果无关（这种情况也叫作"独立实验"）。

现在使用这个机器抽签 5 次，第 1 次与第 4 次中奖，其他 3 次均不中。设单次抽签中奖的概率是 p，请推测 p 最可能是多少。

为了求解该问题，将概率函数 X_i 定义成

$$X_i = \begin{cases} 1 & (\text{抽中}) \\ 0 & (\text{不中}) \end{cases}$$

如果抽中的概率是 p，不中的概率就是 $(1-p)$，所以 5 次实验的概率如表 6-5 所示：

表 6-5　5 次实验的概率

i	X_i	$P(X = X_i)$
1	1	p
2	0	$1-p$
3	0	$1-p$
4	1	p
5	0	$1-p$

那么本次结果：第 1 次、第 4 次中奖，其余 3 次不中的概率，就能表示成各个事件概率的积，如下式：

$$P(X = X_1) \cdot P(X = X_2) \cdot P(X = X_3) \cdot P(X = X_4) \cdot P(X = X_5)$$
$$= p \cdot (1-p) \cdot (1-p) \cdot p \cdot (1-p)$$
$$= p^2 \cdot (1-p)^3 \quad\quad\quad (6.3.1)$$

因为不知道抽中 1 次的概率 p，所以式（6.3.1）还是关于 p 的函数。**像这样包含表示模型的特征变量（这里是 p）的概率值的函数，叫作似然函数。**

最大似然估计就是把似然函数对参数做微分，求微分值为 0 时的参数值。得到的参数值叫作**最大似然参数**。

进行最大似然估计时，可以对原来的式子两边取对数。例如式（6.3.1）里，计算乘法很麻烦，但是两边取对数之后，计算加法就很容易。

使用对数还有一个理由，例如遇到数以万计的概率值相乘的情况，得到的结果就会过小，计算机无能为力（称为下溢）。

因为对数函数是单调增函数，所以使原来的函数取最大值的参数，仍然是使取了对数后的函数取最大值的参数，这就是此方法成立的前提。

我们尝试对式（6.3.1）做最大似然估计。首先，对式（6.3.1）取对数

$$\ln[\, p^2(1-p)^3\,] = 2\ln p + 3\ln(1-p) \quad\quad\quad (6.3.2)$$

当式（6.3.2）对 p 的微分结果为 0 时，得到下式：

$$\frac{2}{p} + \frac{3 \cdot (-1)}{1-p} = 0$$

可求得
$$p = \frac{2}{5}$$

为了确认式（6.3.2）关于 p 的函数图像，我们画出似然函数以 p 为变量的图像，如图 6-12 所示。显然，最大似然函数在 $p = 0.4$ 处取最大值。

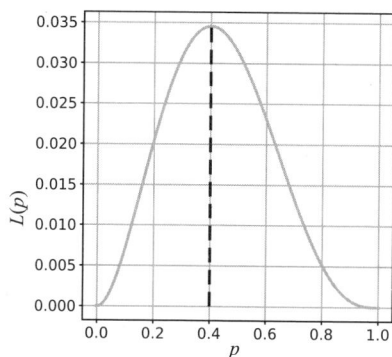

图 6-12　似然函数以 p 为变量的图像

最大似然估计的结果是 "p 的最可能值为 $\frac{2}{5}$"，与常识的推定结果一致。

这个例子非常简单，在第 8 章的逻辑回归中，会遇到更为复杂的最大似然估计。两者的基本流程是一致的：

① 构建包含观测值（本例中的 X_i）与参数（本例中的 p）的概率式；
② 观测值（本例中 X_i 的实际值）代入概率式，使式子只含参数；
③ 把②得到的式子看作关于参数的函数，取对数后，求满足使得函数微分结果为 0 的参数值。

专栏 为何似然函数的极值不是极小而是极大

2.4 节介绍了满足"函数的微分值为 0"的点有时取极小，有时取极大（严格来说也可能二者皆取不到）。

最大似然估计里用"似然函数的微分为 0"可以求出似然函数的极大值，但是为什么求到的不是极小值呢？

似然函数是概率之积。除了正确的解以外，其他点对应的值都会无限趋近 0。假如我们考虑二元的似然函数，几乎所有的点都是 0，只有两个参数最优组合的点矗立如山。想象一下这样的图像，就能得到"使似然函数的微分为 0 的点"＝"山顶"＝"极大点"的结论了。

实践篇

第7章　线性回归模型

一路走来，我们终于要实际建模了。

如第 1 章所说，在监督学习模型里，有一种叫**回归模型**，有一种叫**分类模型**。其中，结构简单，根据输入数据预测数值的是回归模型。

本章选取的是回归模型中最简单的线性回归模型。

7.1　损失函数的偏微分与梯度下降法

线性回归模型的原理，就是**求使损失函数（残差平方和）的函数值最小的参数**，这在第 1 章已经解说过了。

第 1 章介绍的模型是名叫"**一元回归**"的简单模型（输入变量 1 维），所以用配方法就能求解最优参数。而在"**多元回归**"（输入变量 2 维以上的回归模型）里，这个方法不再适用。我们要考虑"求损失函数对全部参数 $(w_0, w_1, \cdots, w_n)$ 做偏微分时的值同时为 0 的点"的方法。

线性回归模型里，损失函数（残差平方和）是参数 w_i 的二次函数，所以偏微分的结果必然是 w_i 的一次函数。只需要构造"偏微分的计算结果为 0"的方程，求损失函数的参数。因此，如果我们想求满足上述条件的参数，参数个数为 n，就联立 n 元方程来求解。

实际上，线性回归模型存在这样的解法，不需要循环计算，可以直接求得正确的值。这样得到的解，叫作"**解析解**"，与循环计算得到的"**近似解**"相对。

我们对 4.1 节中的损失函数试求解析解。

$$L(u, v) = 3u^2 + 3v^2 - uv + 7u - 7v + 10$$

令这个二元函数"偏微分的计算结果为 0"，联立方程，形如下式：

$$\begin{cases} L_u(u,v) = 6u - v + 7 = 0 & (7.1.1) \\ L_v(u,v) = -u + 6v - 7 = 0 & (7.1.2) \end{cases}$$

将式（7.1.1）× 6 ＋ 式（7.1.2）（此处变形的目的是从两个式子里消去 v），得

$$35u + 35 = 0$$

所以

$$(u, v) = (-1, 1)$$

请看第 4 章的图 4-3 的等高线表示，确实是在 (u, v) 取 $(-1, 1)$ 时取最小值。可以确认这就得到了正确的解。

本章里的线性回归问题，也可以用"偏微分的计算结果为 0"联立方程解析地求解。但是这种办法没法解决复杂的分类问题。为此，本章就为分类问题做准备，在线性回归问题里使用梯度下降法循环计算的方法求解。

7.2 例题的问题设定

本章例题选取的训练数据是机器学习里常用的公开数据集"**波士顿地产数据集**"，其界面如图 7-1 所示。

这个数据集是 1970 年关于美国波士顿郊外地区的不动产统计数据。把波士顿划分成 506 个地区，对每个地区统计以下属性的信息。

1. 不动产相关属性
· PRICE：资产价格
· RM：平均房屋数
· AGE：1940 年以前建造的房屋比例
……

2. 地区特性属性
· LSTAT：低收入人群比例
· CRIM：犯罪率
· CHAS：是否临近查尔斯河（1：是，0：否）
……

The Boston Housing Dataset

A Dataset derived from information collected by the U.S. Census Service concerning housing in the area of Boston Mass.

◀ ▲ *Delve*

●●●

This dataset contains information collected by the U.S Census Service concerning housing in the area of Boston Mass. It was obtained from the StatLib archive ███████████████████, and has been used extensively throughout the literature to benchmark algorithms. However, these comparisons were primarily done outside of **Delve** and are thus somewhat suspect. The dataset is small in size with only 506 cases.

The data was originally published by Harrison, D. and Rubinfeld, D.L. `*Hedonic prices and the demand for clean air*', J. Environ. Economics & Management, vol.5, 81-102, 1978.

图 7-1 波士顿地产数据集

这里的目的是**构建模型，用资产价格以外的属性来预测资产的价格**。因为是**数值预测的模型**，所以构造**回归模型**。

回归模型里有一元回归模型和多元回归模型。输入 1 个变量的模型是一元回归模型，输入 2 个以上的模型是多元回归模型。

本章首先构造输入变量为 **RM（平均房屋数）**的一元回归模型来尝试预测。之后拓展到**追加 1 个输入变量（低收入人群比例 LSTAT）的多元回归模型**，来提高模型的精度。

7.3　训练数据的记法

机器学习里使用多个训练样本。这次的例子里使用的样本个数与波士顿地产数据集里地区数量一样，是 506 个。

在使用训练数据来计算时，有必要区别不同的训练样本。遵从机器学习的惯例，在字母的右上角用带（）的序号表示"这是第几个样本"。

为什么不给样本添下标呢？考虑到多元回归时输入的数据不是 1 列而是 2 列的情况，下标的使用是为了区别这两列数据，所以序号就写在右上角了。此外如果直接写个数字，就与幂（指数）无法区分，所以用（）将数字围起来。

还有，对于 y 值，真实值与预测值混在一起也很令人困扰。本书中把预测值用 yp，真实值用 yt 来区别标记。

表 7-1 展示了本次取到的数据。请与表 7-2 的根据数据序列法标记

的例子对比观看，理解上面的阐述。请注意表 7-2 的序号是从 0 开始的，
这与 Python 序列的序号由 0 开始相符合。

表 7-1　本次取到的数据

行数	RM	PRICE
1	6.575	24
2	6.421	21.6
3	7.185	34.7
⋮	⋮	⋮
506	6.030	11.9

表 7-2　根据数据序列法标记的例子

RM (x)	PRICE (yt)
$x^{(0)}=6.575$	$yt^{(0)}=24.0$
$x^{(1)}=6.421$	$yt^{(1)}=21.6$
$x^{(2)}=7.185$	$yt^{(2)}=34.7$
⋮	⋮
$x^{(505)}=6.030$	$yt^{(505)}=11.9$

7.4　梯度下降法的思路

梯度下降法的思路请看图 7-2。

首先要构造模型，即根据输入数据 x 求预测值 yp，这会在 7.5 节详
细说明。

接着要根据预测值（yp）和真实值（yt）计算可能的损失函数 L，
这会在 7.6 节详细说明。

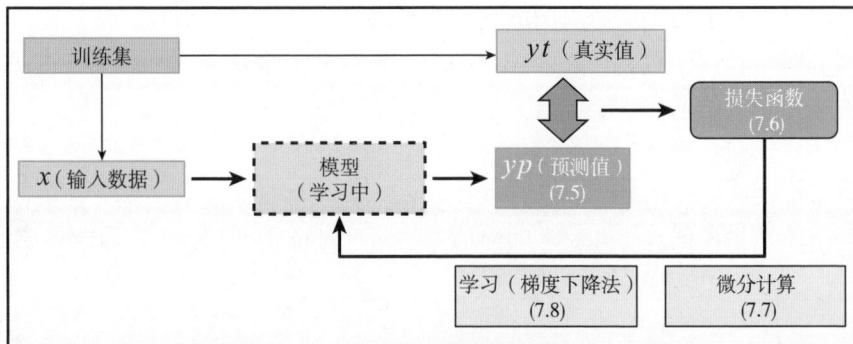

图 7-2　梯度下降法的思路

用 4.5 节导出的梯度下降法的公式得到下式：

$$\begin{pmatrix} u_{k+1} \\ v_{k+1} \end{pmatrix} = \begin{pmatrix} u_k \\ v_k \end{pmatrix} - \alpha \begin{pmatrix} L_u(u_k, v_k) \\ L_v(u_k, v_k) \end{pmatrix}$$ （7.4.1）

7.7 节为使用梯度下降法做准备，对损失函数 L 计算微分。

7.8 节是根据 7.7 节的微分计算的结果和式（7.4.1），说明梯度下降法的具体计算方法。

第 8 章以后的分类问题，虽然在预测函数的实现等细节上有细微差异，但与图 7-2 在高层面上的学习方法完全吻合。图 7-2 的处理流程非常重要，请牢记于心。

7.5 预测模型的构造

以平均房屋数 RM 为 x，资产价格 PRICE 为 y，作 506 个样本的散点图，如图 7-3 所示。

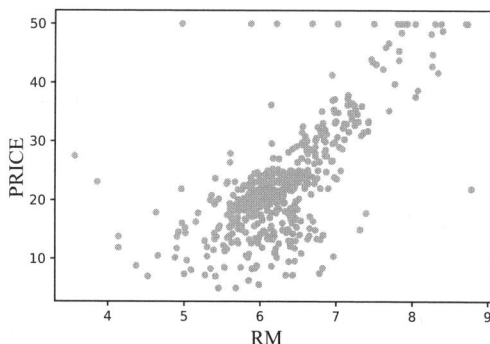

图 7-3　平均房屋数 RM 和资产价格 PRICE 的散点图

从散点图可以看出，分散的数据的趋势近似为直线。做一元线性回归模型就是求与上面散点图最吻合的直线。

第 1 章说明过，一元线性回归模型里有 2 个参数 w_0, w_1，用一次函数表示预测值 yp 如下：

$$yp = w_0 + w_1 x$$ （7.5.1）

本节里考虑式（7.5.1）的简洁表达。首先将式（7.5.1）右边改写成

$$w_0 + w_1 x = w_0 \cdot 1 + w_1 \cdot x$$

那么，此时可以看作两个向量 (w_0, w_1) 与 $(1, x)$ 的内积。

把原来的输入 x 加下标改写成 x_1，常数值 1 作为**常值变量** x_0 追加上去。在新的表达方式下，输入数据是

$$\boldsymbol{x} = (x_0, x_1)$$

成了 2 维向量。参数也表示成向量

$$\boldsymbol{w} = (w_0, w_1)$$

式（7.5.1）用内积可以改写如下：

$$yp = \boldsymbol{w} \cdot \boldsymbol{x} \qquad (7.5.2)$$

这样改写简化了式子，以后大量的机器学习算式都可以简洁地表达了。

在 Python 的编程语句里，也达到简化代码的效果。

机器学习的实际计算里，就是对 $x^{(m)}$ 做形如式（7.5.2）的预测。使用 7.3 节定义的标记法得到下式：

$$yp^{(m)} = \boldsymbol{w} \cdot \boldsymbol{x}^{(m)} \qquad (7.5.3)$$

图 7-4 是一元回归模型的预判式的关系图，它展现了各节点之间的关系 [1]。这个图像今后也将大量使用，所以请好好理解。

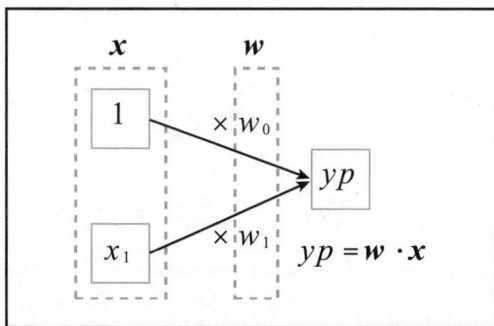

图 7-4　一元回归模型的预测式的关系图

---

[1].看关系图时，x 叫"输入节点"又叫"输入层"，yp 叫"输出节点"又叫"输出层"。

损失函数的构造

线性回归模型里，损失函数 L 是 y 的预测值（yp）和真实值（yt）的差的平方之和。

这个损失函数 L，用 7.3 节的数据标记法和 7.5 节的预测式，合并表示如下（例题里的数据量 M 是 506）：

$$L = (yp^{(0)} - yt^{(0)})^2 + (yp^{(1)} - yt^{(1)})^2 + \cdots + (yp^{(M-1)} - yt^{(M-1)})^2$$

$$= \sum_{m=0}^{M-1}(yp^{(m)} - yt^{(m)})^2$$

这个残差平方和的值，与样本个数大致成比例。可以想见，100 个样本与 1000 个样本的残差平方和是大不相同的。

考虑模型的精度时，损失函数要容易比较且与样本个数无关。这样损失函数的值就是个与样本个数无关的值，我们决定取残差平方和除以样本个数的平均值。

我们计算损失函数的微分，原来的式子是二次的式子，微分之后系数多出一个 2。为了消掉这个 2，可以在最初的损失函数里预先除掉 2。[2]

考虑以上各点，最终的损失函数形如下式：

$$L(w_0, w_1) = \frac{1}{2M}\sum_{m=0}^{M-1}(yp^{(m)} - yt^{(m)})^2 \qquad (7.6.1)$$

事实上，$yp^{(m)}$ 是式（7.5.3）计算出的值。

计算损失函数的微分

为了应用梯度下降法，我们对损失函数 $L(w_0, w_1)$ 的变量 w_0, w_1 做偏微分。下式成立：

$$\frac{\partial L(w_0, w_1)}{\partial w_1} = \frac{1}{2M}\sum_{m=0}^{M-1}\frac{\partial[(yp^{(m)} - yt^{(m)})^2]}{\partial w_1} \qquad (7.7.1)$$

---

2. 或许有读者还担心偏微分的结果不能便利地除以 2。看看 4.5 节的梯度下降法的式子就会豁然开朗。实际的循环计算中，梯度（偏微分的结果）会乘上学习率 α。我们可以调整学习率来调整微分的结果。

将求和符号内部数据去掉上标，即

$$\frac{\partial[(yp - yt)^2]}{\partial w_1}$$

这里用 yd 表示预测值与真实值的误差，可得

$$yd(w_0, w_1) = yp - yt \qquad (7.7.2)$$

现在是训练步，因此 x_0, x_1, yt 为固定值。

因为 $yp(w_0, w_1) = w_0 x_0 + w_1 x_1$ 是 w_0 与 w_1 的函数，就有

$$\frac{\partial[yd(w_0, w_1)]}{\partial w_1} = \frac{\partial[yp(w_0, w_1)]}{\partial w_1} = \frac{\partial(w_0 x_0 + w_1 x_1)}{\partial w_1} = x_1$$

现在我们想求的是 $(yd)^2$ 对 w_1 做偏微分的结果。使用 2.7 节介绍的复合函数的微分公式

$$\frac{\partial[(yd)^2]}{\partial w_1} = (yd^2)' \cdot \frac{\partial(yd)}{\partial w_1} = 2yd \cdot x_1$$

返回到原来使用上角标的式子上可得

$$\frac{\partial[(yd^{(m)})^2]}{\partial w_1} = 2yd^{(m)} \cdot x_1^{(m)}$$

把这个结果代回式（7.7.1），就得到下式：

$$\frac{\partial L(w_0, w_1)}{\partial w_1} = \frac{1}{M} \sum_{m=0}^{M-1} yd^{(m)} \cdot x_1^{(m)}$$

用完全同样的方法对 w_0 也计算偏微分，结果如下：

$$\frac{\partial L(w_0, w_1)}{\partial w_0} = \frac{1}{M} \sum_{m=0}^{M-1} yd^{(m)} \cdot x_0^{(m)}$$

这两个偏微分的结果可整合成下式：

$$\frac{\partial L(w_0, w_1)}{\partial w_i} = \frac{1}{M} \sum_{m=0}^{M-1} yd^{(m)} \cdot x_i^{(m)} \quad (i=0, 1) \qquad (7.7.3)$$

同时有

$$yp^{(m)} = \boldsymbol{w} \cdot \boldsymbol{x}^{(m)} \qquad (7.7.4)$$

$$yd^{(m)} = yp^{(m)} - yt^{(m)} \qquad (7.7.5)$$

虽然中间过程挺复杂，但最终的偏微分结果十分简单。

7.8 梯度下降法的应用

我们使用 4.5 节说明的梯度下降法，试求使损失函数取极小值的参数 w_0, w_1。

关于变量的写法

要注意的是变量的角标的含义各不相同。"向量的各元素""数据中的样本""循环计算的次数"，这 3 种意思的角标混合在算式里，差之毫厘，就无法理解算式的含义。

后文的算式里我会尽量区分角标避免混乱。具体规则如下。

· i：向量中的第几个元素。

· m：多个样本中的第几个样本。

· k：循环计算的次数。

以下我们展示具体的例子和读法，要是还不明白算式中的角标，请回到本页，正确理解这些角标。

· $w_i^{(k)}$：向量 $\boldsymbol{w}$ 的第 i 个元素，循环计算 k 次的结果。因为是向量，所以与样本无关。

· $\boldsymbol{w}^{(k)}$：向量 $\boldsymbol{w}$（全体）循环计算 k 次的结果。

· $x_i^{(m)}$：第 m 个样本的输入向量 $\boldsymbol{x}$ 的第 i 个元素。因为是输入向量，所以与第几次循环无关。

· $\boldsymbol{x}^{(m)}$：第 m 个样本的输入向量 $\boldsymbol{x}$ 全体。

· $yt^{(m)}$：第 m 个样本的真实值。因为是真实值，所以与循环次数无关。

· $yp^{(k)(m)}$：第 m 个样本循环 k 次的预测值。因为是预测值，所以与数据和计算次数两者都有关系。误差 yd 也是一样。

在 4.4 节说明梯度下降法时没有这么复杂的条件。因此我们要重视这种简洁的写法，关于循环的次数 u_k，也用 v_k 这种写法。后文中我们会换成这种写法，请特别注意。

回到梯度下降法的介绍。梯度下降法的式（7.4.1），与前节得到的式（7.7.3）～式（7.7.5）组合起来，已知第 k 回的参数值时，迭代计算第 $k+1$ 回的参数值，算式如下：

$$yp^{(k)(m)} = \boldsymbol{w}^{(k)} \cdot \boldsymbol{x}^{(m)} \tag{7.8.1}$$

$$yd^{(k)(m)} = yp^{(k)(m)} - yt^{(m)} \tag{7.8.2}$$

$$w_i^{(k+1)} = w_i^{(k)} - \frac{\alpha}{M} \sum_{m=0}^{M-1} yd^{(k)(m)} \cdot x_i^{(m)} \ (i=0,\ 1) \tag{7.8.3}$$

式（7.8.1）是基于循环的第 k 次的 $\boldsymbol{w} = (w_0,\ w_1)$ 计算预测值 yp。

式（7.8.2）是基于预测值 yp 与真实值 yt 计算误差 yd。

式（7.8.3）在 $i=0$, 1 时，也可以用向量 $\boldsymbol{w} = (w_0,\ w_1)$ 来表达。此时可以表达如下：

$$\boldsymbol{w}^{(k+1)} = \boldsymbol{w}^{(k)} - \frac{\alpha}{M} \sum_{m=0}^{M-1} yd^{(k)(m)} \cdot \boldsymbol{x}^{(m)} \tag{7.8.4}$$

式（7.8.1）、式（7.8.2）、式（7.8.4）就是最终的"**用梯度下降法近似计算一元线性回归模型的算法**"。下节我将对这三个算式实际编程求解。

最后我们说明式（7.8.4）中出现的参数 α。在说明梯度下降法的公式时，我们说过参数 α 名叫**学习率**，是个重要参数。

如果这个值过大，梯度下降法就没法收敛。虽然目标是正确的方向（谷底），但步幅迈太大，总是一步就跨过谷底了，来回跨几次都是这个样子。

反之，如果这个值过小，就得循环很多次才能收敛。

机器学习里需要调整很多参数，请记住其中名为学习率的参数非常重要。

终于到了在 Python 上实现梯度下降法了。

本节将只解说代码中与机器学习有直接关系、最本质最重要的部分。

整理后的训练集

图 7-5 展示了训练集的情况。它是互联网上下载的公开数据集，已经做了必要的处理，这是整理后的输入数据 x 和真实值 yt。

关于 x，我们可以看到在输入数据 RM（房屋数）中追加一个常值函数，从而形成矩阵的形式。

shape 属性返回的是矩阵的元素数量。

由此我们得知全部数据有 506 个样本，样本是 2 维的。这个 x.shape 的值将会用在后面梯度计算中。

yt 是对应各个 x 的真实值（住宅价格）。

```
# 输入数据 x 的表示（含常值函数）
print(x.shape)
print(x[:5,:])
```

```
(506, 2)
[[1.      6.575]
 [1.      6.421]
 [1.      7.185]
 [1.      6.998]
 [1.      7.147]]
```

```
# 真实值 yt 的表示
print(yt[:5])
```

```
[24.   21.6 34.7 33.4 36.2]
```

图 7-5　训练集的情况

预测函数

图 7-6 展示了梯度下降法中使用的预测函数的定义。

```
# 预测函数：从（1, x）的值来计算预测值
def pred(x, w):
    return(x @ w)
```

图 7-6　预测函数

虽然仅仅是一行的函数，没有必要特地定义，但是它是机器学习中最重要的步骤。为了便于理解，将其定义为函数。

可能很多有 Python 经验的读者也不知道"@"的含义，它的意思是"内积"。有关内积的语法解说在本节最后的专栏里。想要详细理解代码的读者可以参考。

初始化处理

图 7-7 是实现梯度下降法的初始设定。使用 x.shape 的值，设定输入样本的总数 M（这个例子是 506）和输入数据的维数 D（这个例子是 2）。

```
# 初始化处理

# 样本总数
M= x.shape[0]

# 输入数据维数（含常值函数）
D = x.shape[1]

# 循环迭代次数
iters = 50000

# 学习率
alpha = 0.01

# 权重向量的初始值（全部设为 1）
w = np.ones(D)

# 评价结果记录（损失函数的记录）
history = np.zeros((0,2))
```

图 7-7　梯度下降法初始化处理

之后是设定循环迭代次数（iters）和学习率（alpha）。权重向量 w 的初始值用 np.ones 函数全设为 1。

主程序

图 7-8 里展示了梯度下降法的主程序。

if 以下是记录损失函数的值、绘制学习曲线的程序，所以本质部分只有开头的三行。

这三行与梯度下降法的三个式子一一对应。程序的注释语句里也写着这个对应关系，请一边比对，一边确认操作。

因为用到了 NumPy[3] 的特征，计算梯度下降法和计算损失函数的程序，也会在专栏里详细解说。T 是矩阵转置（行列交换）的算子，想要知道为什么式（7.8.4）在编程实现里一定要用到转置矩阵，请参见专栏。

```
# 循环迭代
for k in range(iters):

    # 预测值的计算 式 (7.8.1)
    yp = pred(x, w)

    # 误差的计算 式 (7.8.2)
    yd = yp - yt

    # 梯度下降法实现 式 (7.8.4)
    w = w - alpha * (x.T @ yd) / M

    # 计算和保存绘制学习曲线用到的数据
    if ( k % 100 == 0):
        # 损失函数的计算 式 (7.6.1)
        loss = np.mean(yd ** 2) / 2
        # 计算结果的记录
        history = np.vstack((history, np.array([k, loss])))
        # 绘图
        print( "iter = %d  loss = %f" % (k, loss))
```

图 7-8　梯度下降法主程序

损失函数

图 7-9 展示的是损失函数的初始值和最终值，结束时损失函数的值大约是 21.8。

---

3. NumPy 是一个 Python 的模块，可以简便地计算向量和矩阵。它在机器学习和深度学习编程里必不可少，本书里也规范使用该模块。

```
# 最后，损失函数的初始值和最终值
print(' 损失函数初始值 : %f' % history[0,1])
print(' 损失函数最终值 : %f' % history[-1,1])
```

```
损失函数初始值 : 154.224934
损失函数最终值 : 21.800325
```

图 7-9　总结损失函数值

散点图上绘制回归直线

求得最优的 w 之后，为了引出一根回归直线，我们来计算预测值。1.2.4 小节介绍过"训练步"与"预测步"的区别，这里开始轮到"预测步"了。

首先，输入数据 x 的最小值和最大值用 min 函数和 max 函数求得。这样，当加上常值函数的（1, x_min）和（1, x_max）为输入数据时，用 pred 函数求预测值（y_min, y_max）。（x_min, y_min）与（x_max, y_max）连成的直线理所当然就是回归直线，把这条直线与散点图叠画在一起，图 7-10 下部就是绘图结果。

```
# 计算直线边界的坐标值
xall = x[:,1].ravel()
xl = np.array([[1, xall.min()],[1, xall.max()]])
yl = pred(xl, w)
```

```
# 绘制散点图与回归直线
plt.figure(figsize=(6,6))
plt.scatter(x[:,1], yt, s=10, c='b')
plt.xlabel('ROOM', fontsize=14)
plt.ylabel('PRICE', fontsize=14)
plt.plot(xl[:,1], yl, c='k')
plt.show()
```

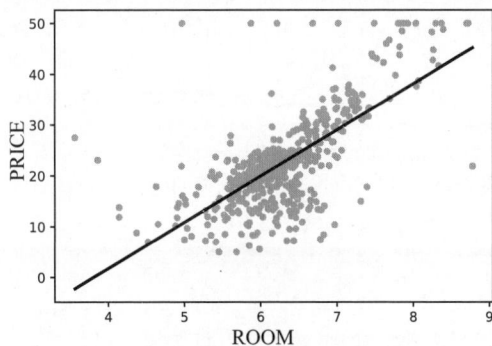

图 7-10　回归直线的表示

学习曲线的表示

机器学习里，横轴是循环迭代次数，纵轴是损失函数值等模型的精度指标，这种图像叫作**学习曲线**。本题中，我们试画学习曲线，纵轴取损失函数值。

如图 7-11，变量 history 里保存着 NumPy 形式（迭代次数，损失函数值）的集合，所以把这个结果用图像表示就可以了。我们知道循环迭代时，损失函数的值逐渐接近于定值。

```
# 学习曲线的表示（除了一个初始点）
plt.plot(history[1:,0], history[1:,1])
plt.show()
```

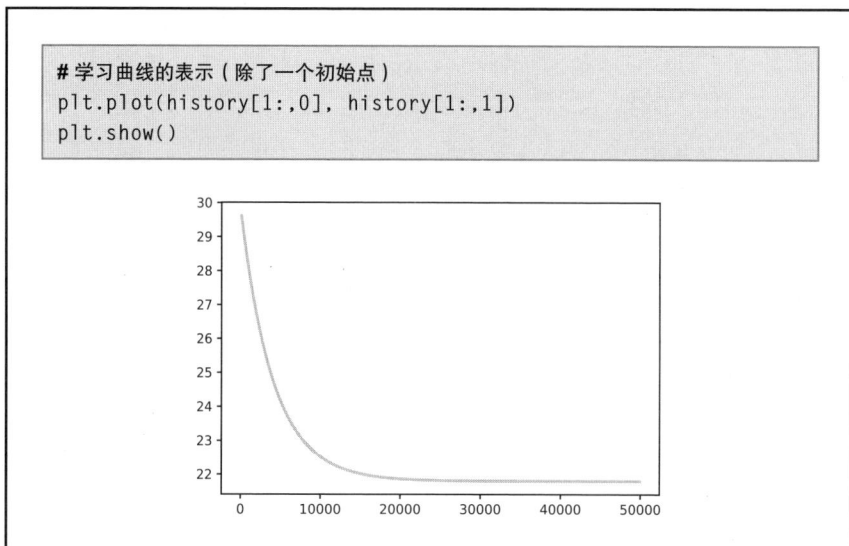

图 7-11　学习曲线的表示

专栏　使用 NumPy 编程的技术

有这么个功能作为 Python 3.5 的新功能引入，这就是 **PEP-465 符号 @，与函数调用 np.matmul 等价**。灵活应用这个功能，机器学习的矩阵和向量的内积可以表现得十分简单，代码的可读性大大提升。本书的示例代码就用了这个记号表示内积。

下面就本专栏里 @ 符号（以下的说明里称为 @ 算子）以及它内部实装的 np. matmul 函数，介绍一下它们可以做怎样的运算[4]。以下的内容请一定要在 Jupyter Notebook 上一边动手确认一边继续阅读。

4.机器学习的示例里虽然用 np.dot 作为内积的有很多，但是数据是 2 维或以下时，np.dot 与 np.matmul 的结果相同。因为 np.dot 的写法另有文章，本书里的内积用 np.matmul 功能来介绍。

向量之间的内积

首先从最简单的模式开始。

$$\boldsymbol{w} = (w_1, w_2)$$

$$\boldsymbol{x} = (x_1, x_2)$$

相同维度的两个向量之间的内积为

$$y = \boldsymbol{w} \cdot \boldsymbol{x}$$

请参考 3.7 节的式（3.7.2）动手计算一下。

向量在 NumPy 里作为 1 维的列表，如图 7-12 所示代码操作。我们知道 @ 算子确实可以做计算内积。

```
# w = (1, 2)
w = np.array([1, 2])
print(w)
print(w.shape)
```

```
[1 2]
(2,)
```

```
# x = (3, 4)
x = np.array([3, 4])
print(x)
print(x.shape)
```

```
[3 4]
(2,)
```

```
# 式（3.7.2）的实操例子
# y = 1*3 + 2*4 = 11
y = x @ w
print(y)
```

```
11
```

图 7-12　向量之间的内积计算例子[5]

矩阵与向量之间的内积

本节实习所使用的输入数据 x 是每一个样本有 2 项（含常值变量），因为一共有 506 个样本，结果就成了（506×2）的矩阵。这样矩阵形式的输入数据能与权重向量做内积计算吗？

图 7-13 是 x 作为 3 行 2 列的矩阵时，试做矩阵与向量之间的内积计算。矩阵与向量之间也可以用 @ 算子正确计算内积，我们知道计算结果返回的是 1 维的 NumPy 列表。这就是图 7-6 的预测函数 pred 实际操作的原理。

第 7 章

---

5. np.array 是 NumPy 里生成向量和矩阵的函数，shape 是向量和矩阵维度的属性。

```
# X 是 3 行 2 列的矩阵
X = np.array([[1,2],[3,4],[5,6]])
print(X)
print(X.shape)
```

```
[[1 2]
 [3 4]
 [5 6]]
(3, 2)
```

```
Y = X @ w
print(Y)
print(Y.shape)
```

```
[ 5 11 17]
(3,)
```

图 7-13　矩阵与向量间的内积计算

样本的内积计算

图 7-8 的式（7.8.4），最终也使用了相同的内积，中间过程稍微复杂点。

首先再次确认程序原本表达的算式

$$\boldsymbol{w}^{(k+1)} = \boldsymbol{w}^{(k)} - \frac{\alpha}{M} \sum_{m=0}^{M-1} yd^{(k)(m)} \cdot \boldsymbol{x}^{(m)} \qquad （7.8.4）$$

为了简便易读，循环迭代次数是 (k)，将求和符号后面改写一下。

$$\sum_{m=0}^{M-1} yd^{(m)} \cdot \boldsymbol{x}^{(m)}$$

为了简便易读，M＝3 时改写成不带求和的形式。

$$yd^{(0)} \cdot \boldsymbol{x}^{(0)} + yd^{(1)} \cdot \boldsymbol{x}^{(1)} + yd^{(2)} \cdot \boldsymbol{x}^{(2)}$$

$\boldsymbol{x}$ 是 (x_0, x_1) 的 2 维向量，所以本式以下的计算也是一样。

$$\begin{pmatrix} yd^{(0)} x_0^{(0)} + yd^{(1)} x_0^{(1)} + yd^{(2)} x_0^{(2)} \\ yd^{(0)} x_1^{(0)} + yd^{(1)} x_1^{(1)} + yd^{(2)} x_1^{(2)} \end{pmatrix}$$

我们一看这个函数，就能知道 Python 的变量 X 与之前的方向不同，从数据的方向（列的方向）计算内积更简便。

这时可使用 NumPy 里的一个便利的算子——T 算子，这是把原来的 NumPy 矩阵转置（行列交换）的算子。这个算子与 @ 算子组合起来就可以计算数据方向的内积，如图 7-14 所示。

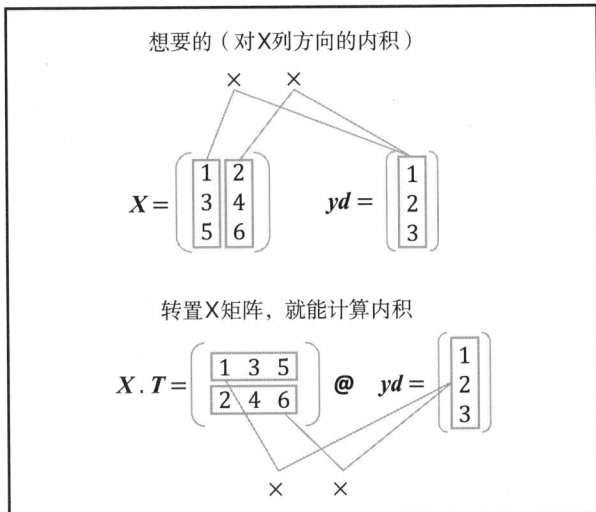

图 7-14 数据方向的内积计算示意

图 7-15 里展示实际的代码与结果。图 7-8 的式（7.8.4）用到了这个原理。

```
# 构造转置矩阵
XT = X.T
print(X)
print(XT)
```

```
[[1 2]
 [3 4]
 [5 6]]
[[1 3 5]
 [2 4 6]]
```

```
yd = np.array([1, 2, 3])
print(yd)
```

```
[1 2 3]
```

```
# 梯度计算（一步）
grad = XT @ yd
print(grad)
```

```
[22 28]
```

图 7-15　数据方向的内积计算操作

利用 NumPy 的聚合函数计算损失函数

第 7 章例题的损失函数算式如下：

$$L(w_0,\ w_1)\ =\ \frac{1}{2M}\sum_{m=0}^{M-1}(yp^{(m)}\ -\ yt^{(m)})^2 \qquad (7.6.1)$$

计算过程中定义了误差函数 $yd^{(m)}$ 如下：

$$yd^{(m)} = yp^{(m)} - yt^{(m)}$$

使用式（7.6.1）改写 $yd^{(m)}$ 如下：

$$L(w_0,\ w_1) = \frac{1}{2M}\sum_{m=0}^{M-1}(yd^{(m)})^2 = \frac{1}{2}\left[\frac{1}{M}\sum_{m=0}^{M-1}(yd^{(m)})^2\right]$$

最后的式子括号里是 $(yd^{(m)})^2$ 的平均值。NumPy 里已经预置了一系列对数据的聚合函数，其中有一个计算平均值的 mean 函数。可使用这个函数来操作损失函数，图 7-16 再次展示式（7.6.1）的代码。

```
# 损失函数值的计算  式（7.6.1）
loss = np.mean(yd ** 2) / 2
```

图 7-16　利用聚合函数（mean）计算损失函数

7.10　多元回归模型的扩展

这次我们还使用"波士顿地产数据集"，用 2 维数据，追加输入项 LSTAT（低收入者比例）。这种有多个输入项的线性回归模型叫作多元回归模型。虽然名字变了，但思路与一元回归模型几乎相同。

那模型和算式是怎样的呢？我们实际写出一下。

模型记录

　　输入项：

　　　　RM：平均房屋数 (x_1)

　　　　LSTAT：低收入人群比例 (x_2)

　　输出项：

　　　　PRICE：资产价格 (y)

预测式：

$$yp = w_0 x_0 + w_1 x_1 + w_2 x_2$$

数据：

$$x_1^{(0)} = 6.575 \qquad x_2^{(0)} = 4.98 \qquad y^{(0)} = 24.0$$
$$x_1^{(1)} = 6.421 \qquad x_2^{(1)} = 9.14 \qquad y^{(1)} = 21.6$$
$$x_1^{(2)} = 7.185 \qquad x_2^{(2)} = 4.03 \qquad y^{(2)} = 34.7$$
$$\vdots \qquad\qquad\quad \vdots \qquad\qquad\quad \vdots$$
$$x_1^{(505)} = 6.030 \qquad x_2^{(505)} = 7.88 \qquad y^{(505)} = 11.9$$

损失函数：

$$L(w_0, w_1, w_2) = \frac{1}{2M} \sum_{m=0}^{M-1} (yp^{(m)} - yt^{(m)})^2$$

$$yp^{(m)} = w_0 x_0^{(m)} + w_1 x_1^{(m)} + w_2 x_2^{(m)}$$

偏微分的计算结果

$$\frac{\partial L(w_0, w_1, w_2)}{\partial w_i} = \frac{1}{M} \sum_{m=0}^{M-1} yd^{(m)} \cdot x_i^{(m)} \quad (i = 0, 1, 2)$$

$$yd^{(m)} = yp^{(m)} - yt^{(m)} = w_0 x_0^{(m)} + w_1 x_1^{(m)} + w_2 x_2^{(m)} - yt^{(m)}$$

循环迭代的算法

$$yp^{(k)(m)} = \boldsymbol{w}^{(k)} \cdot \boldsymbol{x}^{(m)}$$

$$yd^{(k)(m)} = yp^{(k)(m)} - yt^{(m)}$$

$$\boldsymbol{w}^{(k+1)} = \boldsymbol{w}^{(k)} - \frac{\alpha}{M} \sum_{m=0}^{M-1} yd^{(k)(m)} \cdot \boldsymbol{x}^{(m)}$$

最后的循环迭代计算的算法式子里，没有写出输入数据维数的数字。因为这曾经在一元回归时的算式和处理过程中反复斟酌了，变成多元回归时处理逻辑也无需改变。

追加输入项

图 7-17 记录了多元回归用的输入数据的代码。"LSTAT"项在原来的矩阵 x 里用 hstack 函数追加一列，构成新的输入数据矩阵 x2。

```
# 追加列（LSTAT：低收入人群比例）
x_add = x_org[:,feature_names == 'LSTAT']
x2 = np.hstack((x, x_add))
print(x2.shape)
```

```
(506, 3)
```

```
# 输入数据 x 的表示（含常值变量）
print(x2[:5,:])
```

```
[[1.     6.575 4.98 ]
 [1.     6.421 9.14 ]
 [1.     7.185 4.03 ]
 [1.     6.998 2.94 ]
 [1.     7.147 5.33 ]]
```

图 7-17　追加输入项

之后，复制原来循环迭代的计算，x 的地方换成 x2 即可……

请看图 7-18。损失函数收束在哪了呢？数字变这么大，最后还溢出了，真糟糕。

这就是为何追加新变量、改变条件时，最优学习率也需要改变的原因。梯度下降法在学习率过大时常会出现这种状况。

```
# 初始化处理

# 样本总数
M  = x2.shape[0]

# 输入数据维数（含常值函数）
D = x2.shape[1]

# 循环迭代次数
iters = 50000

# 学习率
alpha = 0.01
# 权重向量的初始值（全部设为 1）
w = np.ones(D)

# 评价结果记录（损失函数的记录）
history = np.zeros((0,2))

# 循环迭代
for k in range(iters):
```

```
# 预测值的计算 式 ( 7.8.1 )
yp = pred(x2, w)


# 误差的计算 式 ( 7.8.2 )
yd = yp - yt


# 梯度下降法实操 式 ( 7.8.4 )
w = w - alpha * (x2.T @ yd) / M


# 计算和保存绘制学习曲线用到的数据
if ( k % 100 == 0):
    # 损失函数的计算 式 ( 7.6.1 )
    loss = np.mean(yd ** 2) / 2
    # 计算结果的记录
    history = np.vstack((history, np.array([k, loss])))
    # 绘图
    print( "iter = %d  loss = %f" % (k, loss))
```

```
iter = 0  loss = 93.738640
iter = 100  loss = 14841122634713917280172883574784.000000
iter = 200  loss = 10498133171484197911082031346182272177420
981884732949068251136.000000
```

图 7-18　多元回归最初的计算

　　这次的例子里，我们有必要把学习率从原来的 0.01 变成 0.001。这次的条件下，连这个学习率都很快收敛了，循环次数也变小一点。

　　图 7-19 是修正后的新参数值，图 7-20 是用合适的参数时的执行结果。

　　最终的损失函数差不多是 15.3。因为一元回归时损失函数差不多是 21.8，我们知道追加了一个新变量，预测精度提高了不少。

　　这个例子里的学习曲线就是图 7-21。我们知道循环迭代差不多 500 次后，损失函数就大致收敛了。

```
# 初始化处理（改成合适的参数值）

# 样本总数
M  = x2.shape[0]

# 输入数据维数（含常值函数）
D = x2.shape[1]

# 循环迭代次数
iters = 2000
# 学习率
alpha = 0.001
```

图 7-19 修正后的参数

```
# 损失函数的初始值和最终值
print(' 损失函数初始值：%f' % history[0,1])
print(' 损失函数最终值：%f' % history[-1,1])
```

损失函数初始值：112.063982
损失函数最终值：15.280228

图 7-20 损失函数值

```
# 学习曲线的表示（除了 10 个初始点）
plt.plot(history[:,0], history[:,1])
plt.show()
```

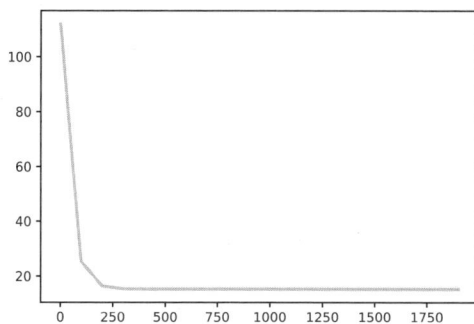

图 7-21 学习曲线的表示

专栏 学习率·循环迭代次数的调整方法

　　在本章最后，我们知道学习率过大是造成溢出的原因，那实际遇到这样的问题时该调整成什么值才好呢？并没有一定的规则，但是减小到 1/10 的微调也算一个办法。

　　本例中，学习率修正成原来的 1/10 就正好收敛了，这就是最终的学习率。关于循环迭代次数亦是此理。首先根据学习曲线的情况，放大 10 倍看看，然后减小到 1/2 或 1/5 最后就确定了。

　　我们现在明白了机器学习里**"学习率"的重要性**。那么不禁要问"一般来说，学习率怎样确定呢？"惜哉惜哉，这并无定论。"根据输入数据的性质酌情改变，实际试错别无他法"，就这么回答吧。

　　接近现实的机器学习里，输入参数要做很多预处理的正规化（对输入数据的平均值和标准差归一化）。这时，我们可以说，经验上学习率大多设在 0.01 到 0.001 之间就可以了。

我们对前章的线性回归模型做延伸，本章的话题是代表分类的机器学习模型——逻辑回归模型。

利用机器学习做分类的问题，也可以细化到二分类和多分类。本章这里采用的是比较简单的二分类模型。

虽然它与线性回归模型相比，结构更复杂，但是有了在理论篇中学习的数学的基础概念，这些内容应该全能理解。那么请务必加油去理解吧。

图 8-1 与前章一样，是本章结构的索引图。如果不懂本章正在讲的内容时，请返回此图确认现在在做什么。

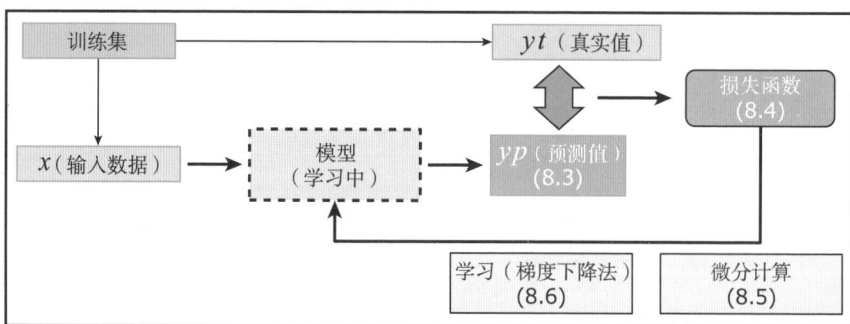

图 8-1　本章的结构

8.1　例题的问题设定

本章例题取材的数据，是与前章使用的"波士顿地产数据集"一样常用的公开数据集"鸢尾花数据集"，如图 8-2 所示。

现有 Setosa 和 Versicolour 和 Virginica 三种鸢尾花，分别测量它们的花萼（Sepal）和花瓣（Petal）的长度和宽度的数据，这在分类问题中经常使用。

Iris Data Set

Abstract: Famous database; from Fisher, 1936

Data Set Characteristics:	Multivariate	Number of Instances:	150	Area:		Life
Attribute Characteristics:	Real	Number of Attributes:	4	Date Donated		1988-07-01
Associated Tasks:	Classification	Missing Values?	No	Number of Web Hits:		2262219

图 8-2　鸢尾花数据集

原始数据有

sepal length（cm）	花萼长度
sepal width（cm）	花萼宽度
petal length（cm）	花瓣长度
petal width（cm）	花瓣宽度

四维数据，三种花各 50 个样本，共计 150 个。

本章为了处理简便，变成 "setosa"（class＝0），"versicolour"（class＝1）两种花 100 个样本，sepal length(x_1) 和 sepal width(x_2) 二维数据的问题。

加工后的数据把原来的多分类问题变成二分类问题（下一章我们会用到全部原始数据，解决输入四维数据，输出三分类的多分类问题）。

加工后的训练数据成了表 8-1 这样。

请注意下表真实值 yt 取 0 和 1。从这里开始，我们介绍的逻辑回归模型结构里，预测值用 0 和 1 两个值。如果预测值不是 0 和 1，有必要预先把预测值变成 0 和 1。请读者注意。

表 8-1　训练集

yt（真实值）	x_1（花萼长度）	x_2（花萼宽度）
0	5	3.2
0	5	3.5
1	5	2.3
1	5.5	2.3
1	6.1	3

第 8 章

图 8-3 是前章的回归模型（上）与本章的分类模型（下）训练集的散点图。

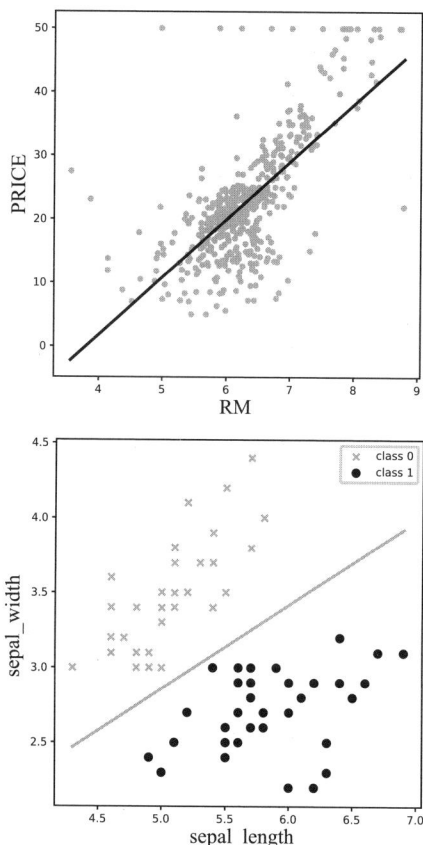

图 8-3　回归模型与分类模型的散点图

　　所谓二分类，就是要在两组之间划出一条边界线。那么，所谓逻辑回归的模型，就是用直线为边界线。这个边界线叫作**决策边界**。

　　虽然我们要学习的对象都是直线，但是**回归**时它是表示输入数据（x）与输出数据（y）关系的直线，目的是如何让这条直线接近处理对象的点。

　　与此相对的**分类**，目的是给输入数据分组，直线为分组的边界线。因此我们知道问题的性质与回归截然不同。为此，我们必须改变思路，思考一下预测函数是什么，损失函数又是什么。

输入变量有 x_1、x_2 两个，我们考虑基于如下线性函数（一次函数）计算结果的分类。

$$u = w_0 + w_1 x_1 + w_2 x_2 \qquad (8.3.1)$$

这时，最先考虑的是基础的判断：

u 的值为负 → class＝0

u 的值为正 → class＝1

我们考虑用什么方法调整一下 w 的值，从而取到较多的观测值对应的真实值。

事实上，这个方法与神经网络最早期考虑的名为"感知机"的模型思路一致。但是，因为我们知道根据感知机分类会有个边界，使用梯度下降法时，我们要考虑性能更好的分类方式。

如前章所说，梯度下降法的关键，是确定参数可微的损失函数、渐变参数，使得损失函数最高效地变小。

关于分类问题，如果也想使用这个功能，损失函数需要是参数可微的函数，也就是说，是随参数 w 的变化而连续变化的函数。因为损失函数是从预测值与真实值计算出来的，结论就是[1]：

"计算预测值的函数必须随参数 w 连续变化"。

从这个考察出发，我们确定了方向：

"把式（8.3.1）的计算结果用某个函数变成概率值（0 到 1 之间的值）。把这个概率值作为预测值"。

那么，为了变换成概率值，我们使用的是 5.5 节介绍的式（8.3.2）表述的 **Sigmoid** 函数。

$$f(x) = \frac{1}{1 + \exp(-x)} \qquad (8.3.2)$$

图 8-4 是 Sigmoid 函数的图像与直线 $y=x$ 的图像叠合的图。使用函数之前与使用函数之后值的变化在图中用箭头表示。从负方向的无穷大到正方向的无穷大，全部值都有对应。由此图我们就知道使用 Sigmoid 函数后，函数被压缩到 0 到 1 之间的样子了。

---

1. 在前面说明的感知机里，预测值 1 和 2 变化不连续，是离散的，所以不符合条件。

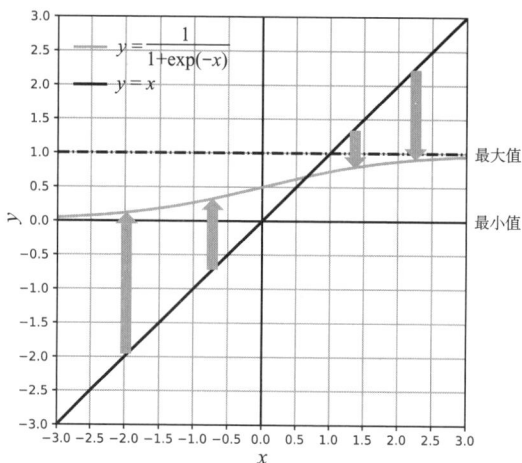

图 8-4　Sigmoid 函数的图像

请看图 8-5。这里表示决策边界的直线（图 8-5 中间的粗斜线）方程就是下式。

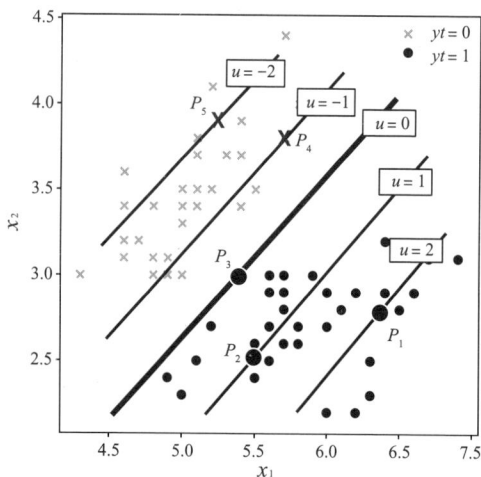

图 8-5　数据散点图与决策边界

$$w_0 + w_1x_1 + w_2x_2 = 0$$

数据分布如上图时，决策边界的直线当然斜率为正。这里有个前提，因为 w_1 和 w_2 的符号相反[2]，在上式里取 $w_1 > 0$，$w_2 < 0$[3]。

---

[2]. 把式子改写成 $x_2 = -(w_1/w_2)x_1 - (w_0/w_2)$，斜率为正 $\rightarrow$ $-(w_1/w_2) > 0$ $\rightarrow$ w_1 和 w_2 的符号相反。

[3]. 决策边界的式子中 $w_1 < 0$，$w_2 > 0$，把式子全体乘上 -1，自然而然就满足以上条件了。

这时

$$w_0 + w_1 x_1 + w_2 x_2 = u$$

此直线 u 在 1, 2, ……还有 −1, −2……之间变化, 就成了图上细线的表达式。

那么, 在图 8-5 上取 P_1, P_2, P_3, P_4, P_5 这 5 个点, 各个点算出 $u = w_0 + w_1 x_1 + w_2 x_2$ 的一次函数 u 的值, 复合上 Sigmoid 函数, 整理出 $f(u)$ 的值是多少, 得到表 8-2 [$f(u)$ 四舍五入取小数点后两位]。

表 8-2　散点图代表的点 u 与 $f(u)$ 的值

P_m	yt(真实值)	u	$f(u)$
P_1	1	2	0.88
P_2	1	1	0.73
P_3	1	0	0.50
P_4	0	−1	0.27
P_5	0	−2	0.12

边界线（决策边界）右下方向是属于 class=1（散点图中用·表示）的点。P_1、P_2 的 $f(u)$ 值都比 0.5 大, 并且, P_1 和 P_2 比较, P_1 离边界线更远, 可以说它"实实在在地"满足 class=1。$f(u)$ 大也显示出这点。

同样在边界线左上方向, 我们也可以说 P_5 和 P_4 对应的 class=0（散点图用 × 表示）。

关于 $f(u)$ 的值, P_1 和 P_5、P_2 和 P_4 分别相加为 1。这是怎么回事呢? 5.5 节已经说明过了, 忘了的读者请复习吧。

利用这个性质, 如果说关于 P_5 有 "class=1 的概率"=0.12, 反过来可以求出 "class=0 的概率" 是 1−0.12=0.88。

最后稍微考虑一下边界线上的 P_3。这个点虽然真实值是 class=1 的 "·组", 但是只靠散点图来判断十分微妙。为了整合性, 可以把这个点对应的概率值 $f(u)$ 取 0.5。

结果就是 "把 $f(u)$ 的值看作概率" 的思路严丝合缝、毫无破绽。

总结上文如下。

（1）计算输入数据 (x_1, x_2) 对应的值 $u = w_0 + w_1 x_1 + w_2 x_2$。

（2）用（1）得到的 u 计算 $f(u)$。这里 $f(u)$ 是下式定义的 Sigmoid 函数。

$$f(x) = \frac{1}{1 + \exp(-x)}$$

（3）考虑这个计算结果得到的 $f(u)$ 的值表示的"这点属于 class=1 的概率"。

（4）把这个 $f(u)$ 的值作为 y 的预测值来考虑。

（5）用预测值来分类时，判断预测值是不是比 0.5 大。

（6）考虑 yp 作为 $w(w_0, w_1, w_2)$ 的函数，随着 w 的变化而连续变化。这符合本节设定的原则。

使用（1）计算

$$w_0 + w_1 x_1 + w_2 x_2$$

与前章相同，

$$w_0 \cdot 1 + w_1 x_1 + w_2 x_2$$

可以看成追加常值函数 $x_0 = 1$ 后 $\boldsymbol{x} = (x_0, x_1, x_2)$ 与 $\boldsymbol{w} = (w_0, w_1, w_2)$ 的内积。

预测的算法用算式来表示如下：

$$u = \boldsymbol{w} \cdot \boldsymbol{x} \tag{8.3.3}$$

$$yp = f(u) \tag{8.3.4}$$

$$f(x) = \frac{1}{1 + \exp(-x)} \tag{8.3.5}$$

这个结构如图 8-6 所示。

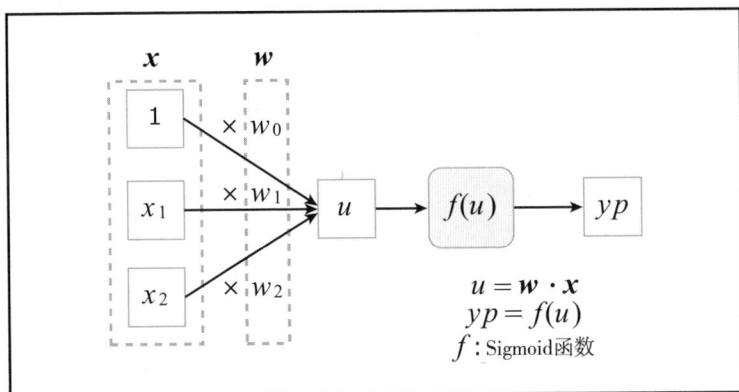

图 8-6　二值逻辑回归的预测模型

　　我们这就决定了预测函数。下节分析使用了新的预测函数的损失函数。

> **专栏** **用概率表达预测值大有深意**
>
> 　　所谓 yp 的值接近 1，就是"作为对象的样本点大概率有 class = 1"，也有表示真实值的 yt 有"$yt-yp$ 的数值近乎 0"的含义。
>
> 　　反过来，yp 的值接近 0，就是"作为对象的样本点大概率有 class = 0"，同时有表示真实值的 yt 有"$yt-yp$ 的数值近乎 0"的含义。
>
> 　　这里有个技巧，class 的值取 0 或 1，把预测值当成概率，两种组合都可以。那么，内在含义就在后面定义损失函数时起作用了。

8.4　损失函数（交叉熵函数）

　　再整理一下之前的内容。执行模型的预测步时

$$u(x_1, x_2) = w_0 + w_1 x_1 + w_2 x_2$$

使用 Sigmoid 函数

$$f(x) = \frac{1}{1 + \exp(-x)}$$

则可看成

$$yp = f(u) = f(w_0 + w_1 x_1 + w_2 x_2)$$

的真实值 $yt = 1$（图 8-5 的散点图的·）的概率。

本章的问题设定，无论 yt 的值取 1 还是取 0，$yt=1$ 的概率就是 yp，$yt=0$ 的概率就是 $1-yp$。那么，真实值是 yt 时，表示模型的真实值的可能性的概率值用 $P(yt, yp)$ 表达如下：

$$P(yt, yp) = \begin{cases} yp & (yt = 1 \text{ 时}) \\ 1 - yp & (yt = 0 \text{ 时}) \end{cases}$$

从这开始，我们用这个概率值根据 6.3 节介绍的最大似然估计来定义损失函数。

· 把上述预测值 P 看作"概率值"。
· 基于"概率值"，用每个概率值的积定义似然函数。
· 用似然函数取对数的对数似然函数定义损失函数。

简而言之，最初输入模型的数据只取 5 个：

输入值：$\boldsymbol{x}^{(1)}, \boldsymbol{x}^{(2)}, \boldsymbol{x}^{(3)}, \boldsymbol{x}^{(4)}, \boldsymbol{x}^{(5)}$
真实值：$yt^{(1)}, yt^{(2)}, yt^{(3)}, yt^{(4)}, yt^{(5)}$

输入值 $\boldsymbol{x}$ 是 $(x_0, x_1, x_2)=(1, x_1, x_2)$ 的向量。
真实值 yt 要么取 0 要么取 1，假设 $(yt^{(1)}, yt^{(2)}, yt^{(3)}, yt^{(4)}, yt^{(5)}) = (1, 0, 0, 1, 0)$。

那么，对应各个输入数据 $\boldsymbol{x}^{(m)}$ 的预测值 $yp^{(m)}$ 定义如下：

$$u^{(m)} = \boldsymbol{x}^{(m)} \cdot \boldsymbol{w}$$
$$yp^{(m)} = f(u^{(m)})$$

下面我们做一个与 6.3 节同样的表来看看，即表 8-3。

因为现在做的是训练步，表 8-3 中 $\boldsymbol{x}^{(m)}$ 和观测值 $yt^{(m)}$ 都是固定的，$\boldsymbol{w}=(w_0, w_1, w_2)$ 是变量。由于 $u^{(m)}$ 中包含 (w_0, w_1, w_2)，各个实验的概率值 $P^{(m)}$ 就是包含 $u^{(m)}$ 的 (w_0, w_1, w_2) 的函数了。

表 8-3　5 个样本的概率值

m	$yt^{(m)}$(真实值)	$u^{(m)}$	$yp^{(m)}$	$P^{(m)}$
1	1	$\boldsymbol{x}^{(1)} \cdot \boldsymbol{w}$	$f(u^{(1)})$	$yp^{(1)}$
2	0	$\boldsymbol{x}^{(2)} \cdot \boldsymbol{w}$	$f(u^{(2)})$	$1-yp^{(2)}$
3	0	$\boldsymbol{x}^{(3)} \cdot \boldsymbol{w}$	$f(u^{(3)})$	$1-yp^{(3)}$
4	1	$\boldsymbol{x}^{(4)} \cdot \boldsymbol{w}$	$f(u^{(4)})$	$yp^{(4)}$
5	0	$\boldsymbol{x}^{(5)} \cdot \boldsymbol{w}$	$f(u^{(5)})$	$1-yp^{(5)}$

这就是似然函数 Lk 的定义。似然函数 Lk 用样本的 5 个概率值之积表示。

$$Lk = P^{(1)} \cdot P^{(2)} \cdot P^{(3)} \cdot P^{(4)} \cdot P^{(5)} \qquad （8.4.1）$$

似然函数取了对数称为对数似然函数。式（8.4.1）对应的对数似然函数，使用 5.2 节介绍的对数公式（5.2.1）就是以下的样子。

$$\begin{aligned} \ln(Lk) &= \ln(P^{(1)} \cdot P^{(2)} \cdot P^{(3)} \cdot P^{(4)} \cdot P^{(5)}) \\ &= \ln(P^{(1)}) + \ln(P^{(2)}) + \ln(P^{(3)}) + \ln(P^{(4)}) + \ln(P^{(5)}) \end{aligned}$$

之前具体表述过 $P^{(m)}$ 了，可惜它是随 $yt^{(m)}$ 的值不断变化的，像之前那样直接计算微分太麻烦了。

这里，使用以下技巧，归结成一个式子：

$$\ln(P^{(m)}) = yt^{(m)} \ln(yp^{(m)}) + (1 - yt^{(m)})\ln(1 - yp^{(m)}) \qquad （8.4.2）$$

只看这个式子一点也不懂它的含义。基于表 8-3，我们对 $m=1$，$m=2$ 时计算看看。

$m=1$ 时：

$$yt^{(1)} = 1 \rightarrow$$
$$yt^{(1)} \ln(yp^{(1)}) + (1 - yt^{(1)})\ln(1 - yp^{(1)})$$
$$= 1 \cdot \ln(yp^{(1)}) + (1 - 1)\ln(1 - yp^{(1)}) = \ln(yp^{(1)})$$

$m=2$ 时：

$$yt^{(2)} = 0 \rightarrow$$
$$yt^{(2)} \ln(yp^{(2)}) + (1 - yt^{(2)})\ln(1 - yp^{(2)})$$
$$= 0 \cdot \ln(yp^{(2)}) + (1 - 0)\ln(1 - yp^{(2)}) = \ln(1 - yp^{(2)})$$

与表 8-3 对比看看，会发现 $yt^{(m)}$ 是 1 还是 0 完全没有关系，我们知道了无论如何式（8.4.2）都成立。在 8.1 节最后的二值逻辑回归中介绍的**真实值 yt 必须取 0 或 1**，就是这个原因。

使用式（8.4.2）求和，改写对数似然函数如下：

$$\ln(Lk) = \sum_{m = 1}^{5} \ln(P^{(m)})$$

$$= \sum_{m = 1}^{5} [yt^{(m)} \ln(yp^{(m)}) + (1 - yt^{(m)}) \ln(1 - yp^{(m)})]$$

这个对数似然函数加入了以下几点考虑。

（1）上式为了便于思考，计算的是 5 个样本，一般地，样本量拓展到 M。

（2）因为是训练步的缘故，上式是 (w_0, w_1, w_2) 的函数。这里明确表示了函数的参数。

（3）虽然目的是似然函数取最大，但梯度下降法是以损失函数取最小值为目标。所以上面的似然函数乘 -1 作为损失函数。

（4）这个式子是对样本用式（8.4.2）求和。前章分析过，样本个数多时损失函数按比例扩大，精度比较难把握，所以用平均消解样本量的影响。

（5）Python 列表的索引是从 0 开始的，所以 m 的开始值取 0。

这样一来，最终的损失函数如下 [4]：

$$L(w_0, w_1, w_2) = - \frac{1}{M} \sum_{m = 0}^{M - 1} [yt^{(m)} \cdot \ln(yp^{(m)}) + (1 - yt^{(m)}) \ln(1 - yp^{(m)})]$$

$$（8.4.3）$$

而

$$u^{(m)} = \boldsymbol{w} \cdot \boldsymbol{x}^{(m)} = w_0 + w_1 x_1^{(m)} + w_2 x_2^{(m)}$$

$$yp^{(m)} = f(u^{(m)})$$

$$f(x) = \frac{1}{1 + \exp(-x)}$$

---

4. 实际上式（8.4.3）在本书中是二次登场了。最初出现在 1.5 节，你发现了吗？如果对这个式子立刻反应过来，可以说你在本书学的数学概念是深入骨髓了。

式（8.4.3）比照信息论的熵公式，叫作**交叉熵**[5]。

交叉熵函数的微分

虽然式(8.4.3)给的是对大量样本的交叉熵函数的平均，计算微分时，先对求和式中的交叉熵函数做微分，之后再求和就好。下节计算损失函数的微分，所以现在我们先就特定的项目对交叉熵函数计算一下微分。

为了便于阅读，我们替换改写一下 $yt^{(m)}=yt$、$yp^{(m)}=yp$。然后，对于特定项目的交叉熵函数用 ce 表示：

$$ce = -[yt\ln(yp)+(1-yt)\ln(1-yp)]$$

因为是训练步，yt 是定值，yp 是变量。那么，上面的 ce 式对 yp 做微分就可以了。

5.3 节里 $f(x)=\ln x$ 时，我们计算过 $f'(x)=\dfrac{1}{x}$，利用这个结果，做微分如下[6]：

$$\begin{aligned}\frac{\mathrm{d}(ce)}{\mathrm{d}(yp)} &= -\frac{yt}{yp} - \frac{(1-yt)(-1)}{1-yp} = \frac{-yt(1-yp)+yp(1-yt)}{yp(1-yp)} \\ &= \frac{yp-yt}{yp(1-yp)}\end{aligned} \qquad （8.4.4）$$

下节我们会用到式（8.4.4）的结果。

8.5 计算损失函数的微分

上节中，我们为了求 w 构造了损失函数，接下来求损失函数的极小值，进而对函数式子计算偏微分来求最大似然估计。式子一眼看去挺复杂，但注意到训练步里 x 和 y 是定值，w 是变量，微分计算会变得意外地简单。

请看图 8-7。这个图模块化地展示了从输入数据 x 开始直到计算损失函数值的处理过程。形如 $u \to yp \to L$ 这般的函数过程，我们把全体当成一个大的复合函数来考虑。

---

5. "交叉"这个词来自真实值 $yt^{(m)}$ 和预测值 $yp^{(m)}$ 的混合。交叉熵更有深意，本章最后的专栏里有个童话故事般的解说。有兴趣的读者请看看。
6. 计算 $\ln(1-x)$ 的微分，用 $u=1-x$ 代入，使用复合函数的微分公式即可。

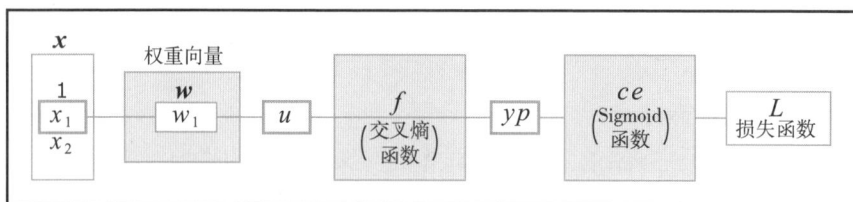

图 8-7　输入数据 x 与损失函数的关系

现在，我们想要以图 8-7 为基础，计算权重向量的一个元素 w_1 的偏微分[7]。根据 4.4 节导出的含有偏微分形式的复合函数的微分公式（4.4.7）

$$\frac{\partial L}{\partial w_1} = \frac{\mathrm{d}L}{\mathrm{d}u} \cdot \frac{\partial u}{\partial w_1} \tag{8.5.1}$$

u 与 w_1 的关系为

$$u(w_0, w_1, w_2) = w_0 + w_1 x_1 + w_2 x_2$$

所以

$$\frac{\partial u}{\partial w_1} = x_1 \tag{8.5.2}$$

把式（8.5.2）代入式（8.5.1），有

$$\frac{\partial L}{\partial w_1} = x_1 \cdot \frac{\mathrm{d}L}{\mathrm{d}u} \tag{8.5.3}$$

对于 $\frac{\mathrm{d}L}{\mathrm{d}u}$ 再用一次复合函数的微分公式：

$$\frac{\mathrm{d}L}{\mathrm{d}u} = \frac{\mathrm{d}L}{\mathrm{d}(yp)} \cdot \frac{\mathrm{d}(yp)}{\mathrm{d}u} \tag{8.5.4}$$

因为损失函数是交叉熵函数，根据式（8.4.4）的结果有

$$\frac{\mathrm{d}L}{\mathrm{d}(yp)} = \frac{\mathrm{d}(ce)}{\mathrm{d}(yp)} = \frac{yp - yt}{yp(1 - yp)} \tag{8.5.5}$$

如图 8-6，式（8.5.4）右边第 2 个微分是 Sigmoid 函数的微分，所以可以利用 5.5 节的结果

$$\frac{\mathrm{d}(yp)}{\mathrm{d}u} = yp(1 - yp) \tag{8.5.6}$$

---

7. 原来的损失函数是多个样本的交叉熵函数的平均值，但是为了计算简单，我们忽略这一点，最后再考虑整体数据。

把式（8.5.5）和式（8.5.6）代入式（8.5.4），得

$$\frac{\mathrm{d}L}{\mathrm{d}u} = \frac{\mathrm{d}L}{\mathrm{d}(yp)} \cdot \frac{\mathrm{d}(yp)}{\mathrm{d}u} = \frac{yp - yt}{yp(1 - yp)} \cdot yp(1 - yp) = yp - yt \quad （8.5.7）$$

推导中的式子虽然复杂，但最后惊人地简单。并且，yp 是有概率意味的预测值，yt 是 1 或 0 的真实值，所以 $yp - yt$ 意味着"误差"。那么

$$yd = yp - yt \quad （8.5.8）$$

这就是"误差"yd 的定义式。因而，原来的目标——损失函数 L 对 w_1 做偏微分的结果如下：

$$\frac{\mathrm{d}L}{\mathrm{d}u} = yd$$

$$\frac{\partial L}{\partial w_1} = x_1 \cdot yd$$

恢复样本的下标和 Σ，如下式：

$$\frac{\partial L}{\partial w_1} = \frac{1}{M} \sum_{m=0}^{M-1} x_1^{(m)} \cdot yd^{(m)}$$

我们一下子就知道了其他两个偏微分的结果如下：

$$\frac{\partial L}{\partial w_0} = \frac{1}{M} \sum_{m=0}^{M-1} x_0^{(m)} \cdot yd^{(m)}$$

$$\frac{\partial L}{\partial w_2} = \frac{1}{M} \sum_{m=0}^{M-1} x_2^{(m)} \cdot yd^{(m)}$$

偏微分的角标用 $i(i = 0, 1, 2)$，归结成一个式子：

$$\frac{\partial L}{\partial w_i} = \frac{1}{M} \sum_{m=0}^{M-1} x_i^{(m)} \cdot yd^{(m)} \quad （i = 0, 1, 2）$$

只看这个式子，与 7.7 节导出的线性回归的偏微分式几乎完全一致。稍微说明一下，不仅二分类，多分类以及进一步的深度学习中，也可以完全以误差值 yd 为出发点计算权重的变化。关于这一点，在第 9 章、第 10 章将详细说明。

8.6　梯度下降法的应用

6.3 节的最大似然估计，是解似然函数微分值为 0 的方程，迅速可求最优参数。但是，这里的式子太复杂了，所以一般不用这个方法，而改用梯度下降法循环迭代来计算最优参数。

循环迭代的算法与第 7 章的线性回归的情况基本一样。与前章一样改写如下。

先整理一下角标和函数的意思。

【角标】

k：循环迭代次数。

m：样本序号。

i：向量分量。

【变量】

M：样本个数。

α：学习率。

$$u^{(k)(m)} = \boldsymbol{w}^{(k)} \cdot \boldsymbol{x}^{(m)} \tag{8.6.1}$$

$$yp^{(k)(m)} = f(u^{(k)(m)}) \tag{8.6.2}$$

$$f(x) = \frac{1}{1 + \exp(-x)} \tag{8.6.3}$$

$$yd^{(k)(m)} = yp^{(k)(m)} - yt^{(m)} \tag{8.6.4}$$

$$w_i^{(k+1)} = w_i^{(k)} - \frac{\alpha}{M} \sum_{m=0}^{M-1} x_i^{(m)} \cdot yd^{(k)(m)} \quad (i = 0,\ 1,\ 2) \tag{8.6.5}$$

与前章最后的式子一样，式（8.6.5）可以改写成如下向量形式：

$$\boldsymbol{w}^{(k+1)} = \boldsymbol{w}^{(k)} - \frac{\alpha}{M} \sum_{m=0}^{M-1} \boldsymbol{x}^{(m)} \cdot yd^{(k)(m)} \tag{8.6.6}$$

除了加入计算预测值 yp 的 Sigmoid 函数式（8.6.2）和式（8.6.3）外，这几乎与第 7 章计算权重向量的算法的形式相同。当真如此吗？我们通过实际编程来确认一下吧。

首先，我们确认一下代码。与前章的情况一样，我们选出与机器学习有本质关系的部分来说明。

训练集与测试集的划分 [8]

前节我们已经知道了数据准备的代码，闲言少叙，现在我们解说下面的部分。

请看图 8-8。机器学习模型一般在训练使用的数据上有很精确的结果。为了正确评价模型的精度，通常使用以下方法。

·训练数据以一定比例划分为"训练集"与"测试集"（没有特定的比例，一般 7 比 3 或 8 比 2）。

·用"测试集"来评价模型。

```
# 原数据的大小
print(x_data.shape, y_data.shape)
# 训练集与测试集划分（同时做抽样）
from sklearn.model_selection import train_test_split
x_train, x_test, y_train, y_test = train_test_split(
    x_data, y_data, train_size=70, test_size=30,
    random_state=123)
print(x_train.shape, x_test.shape, y_train.shape, y_test.shape)
```

```
(100, 3) (100,)
(70, 3) (30, 3) (70,) (30,)
```

图 8-8　训练集与测试集的划分

上面代码中"train_test_split"是把数据划分为训练集与测试集的函数。上面代码中，原来的 100 个样本（这里前 50 个 class=0，后 50 个 class=1，划分得干净漂亮）随机抽样，划分成训练集 70 个、测试集 30 个。

---

8. 虽然这里的原文是"验证"，但是机器学习里分成 3 类数据：训练集 training、验证集 valid、测试集 test，其中训练集和测试集是必需的，验证集 valid 不是必需的。并且，文中这个集合起的是测试集的作用，代码中变量名也用了 test，所以这里翻译成测试集而不是验证集。——译者注。

整理后的训练集

图 8-9 里，展示出机器学习前的训练集（x）和真实值（yt）。关于 x，与前章一样，追加了常值函数（$x_0 = 1$）的列，yt 取值 0 或 1。

```
# 设定训练用的变量
x = x_train
yt = y_train
```

```
# 输入数据 x 的表示（含常值变量）
print(x[:5])
```

```
[[1.  5.1 3.7]
 [1.  5.5 2.6]
 [1.  5.5 4.2]
 [1.  5.6 2.5]
 [1.  5.4 3. ]]
```

```
# 真实值 yt 的表示
print(yt[:5])
```

```
[0 1 0 1 1]
```

图 8-9　训练集的情况

预测函数

图 8-10 定义了逻辑回归的预测函数线性回归中，x 与 w 的内积（代码中就是 "x@w"）直接就是预测值，与此相对，逻辑回归里内积的结果加上 Sigmoid 函数，结果作为预测值返回。关于循环迭代计算的算法，线性回归与逻辑回归仅有这一点不同之处（评价方法完全两样）。

```
# Sigmoid 函数
def Sigmoid(x):
    return 1/(1+ np.exp(-x))
```

```
# 预测值的计算
def pred(x, w):
    return Sigmoid(x @ w)
```

图 8-10　预测函数的定义

初始化处理

图 8-11 是为了梯度下降法做的初始化处理。

除迭代次数与 history 的设定以外，都与线性回归一模一样。增加 history 是为了记录增加**损失函数值**时的**精度**。分类模型里，对于已知真实值的输入数据做预测，可以计算测试集中样本预测的准确率。这个准确率叫作**精度（Accuracy）**，回归模型里没有，是分类模型里固有的评价方法。

```
# 初始化处理

# 样本总数
M = x.shape[0]
# 输入数据维数（含常值函数）
D = x.shape[1]

# 循环迭代次数
iters = 10000

# 学习率
alpha = 0.01

# 初始值
w = np.ones(D)

# 评价结果记录（损失函数与精度）
history = np.zeros((0,3))
```

图 8-11　初始化处理

主程序

图 8-12 展示了梯度下降法的主程序。本例中，本质的部分是最初的 3 行，可以看出，这部分与线性回归别无二致。

```
# 循环迭代

for k in range(iters):

    # 预测值的计算 式（8.6.1）、（8.6.2）
    yp = pred(x, w)

    # 误差的计算 式（8.6.4）
    yd = yp - yt

    # 梯度下降法实操 式（8.6.6）
    w = w - alpha * (x.T @ yd) / M

    # 记录日志
    if ( k % 10 == 0):
        loss, score = evaluate(x_test, y_test, w)
        history = np.vstack((history,
            np.array([k, loss, score])))
        print( "iter = %d  loss = %f score = %f"
            % (k, loss, score))
```

图 8-12　主程序

确认损失函数值与精度

图 8-13 展示了开始时和结束时损失函数值与精度的计算结果。可见结束时损失函数值和精度的结果都不错。

```
# 确认损失函数值与精度
print(' 初始状态 : 损失函数 :%f 精度 :%f'
      % (history[0,1], history[0,2]))
print(' 最终状态 : 损失函数 :%f 精度 :%f'
      % (history[-1,1], history[-1,2]))
```

初始状态 : 损失函数 :4.493959 精度 :0.500000
最终状态 : 损失函数 :0.153236 精度 :0.966667

图 8-13　损失函数值与精度

按次序下来，图 8-14 展示了为得到图 8-13 的评价结果的评价函数的代码。

开头的函数 cross_entropy 是交叉熵函数。以向量的形式计算交叉熵，最后在向量的分量之间取平均。

```
# 损失函数（交叉熵函数）
def cross_entropy(yt, yp):
    #计算交叉熵（这里是向量）
    cel = -(yt * np.log(yp) + (1 - yt) * np.log(1 - yp))
    #计算交叉熵的平均值
    return(np.mean(ce1))
```

```
# 判断预测结果是 0 或 1 的函数
def classify(y):
    return np.where(y < 0.5, 0, 1)
```

```
# 评价模型的函数
from sklearn.metrics import accuracy_score
def evaluate(xt, yt, w):

    # 预测值的计算
    yp = pred(xt, w)

    # 损失函数值的计算
    loss = cross_entropy(yt, yp)

    # 预测值（概率值）变到 0 或 1
    yp_b = classify(yp)

    #算出精度
    score = accuracy_score(yt, yp_b)
    return loss, score
```

图 8-14　评价函数的实操

下一个函数 classify，是取出概率值的向量，根据大于或小于 0.5 返回 1 或 0。

最后的函数 evaluate，是把输入数据 xt、真实值 yt、权重向量 w 作为参数，对测试集返回评价函数值与精度。精度用名为 accuracy_score 的模块计算。

散点图与决策边界的表示

下面我们根据学习的结果得到权重向量与测试集，画出散点图与决策边界的图像。

图 8-15 的代码中实现的是

·把散点图里测试集的 class＝0 和 class＝1 两组分开；

· 计算决策边界两个端点的坐标。

```
# 准备测试集的散点图
x_t0 = x_test[y_test==0]
x_t1 = x_test[y_test==1]

# 计算决策边界的 x1 到 x2 的值
def b(x, w):
    return(-(w[0] + w[1] * x)/ w[2])
# 散点图中 x1 的最小值与最大值
x1 = np.asarray([x[:,1].min(), x[:,1].max()])
y1 = b(x1, w)
```

图 8-15　准备散点图与决策边界的数据

图 8-16 是画图代码与结果。只有 1 个越过决策边界的"×"点，由图可见，这个点是异常值，越界也是不得已。决策边界对除此以外的点都很适合。

```
plt.figure(figsize=(6,6))
# 散点图的表示
plt.scatter(x_t0[:,1], x_t0[:,2], marker='x',
        c='b', s=50, label='class 0')
plt.scatter(x_t1[:,1], x_t1[:,2], marker='o',
        c='k', s=50, label='class 1')
# 在散点图上追加决策边界的直线
plt.plot(x1, y1, c='b')
plt.xlabel('sepal_length', fontsize=14)
plt.ylabel('sepal_width', fontsize=14)
plt.xticks(size=16)
plt.yticks(size=16)
plt.legend(fontsize=16)
plt.show()
```

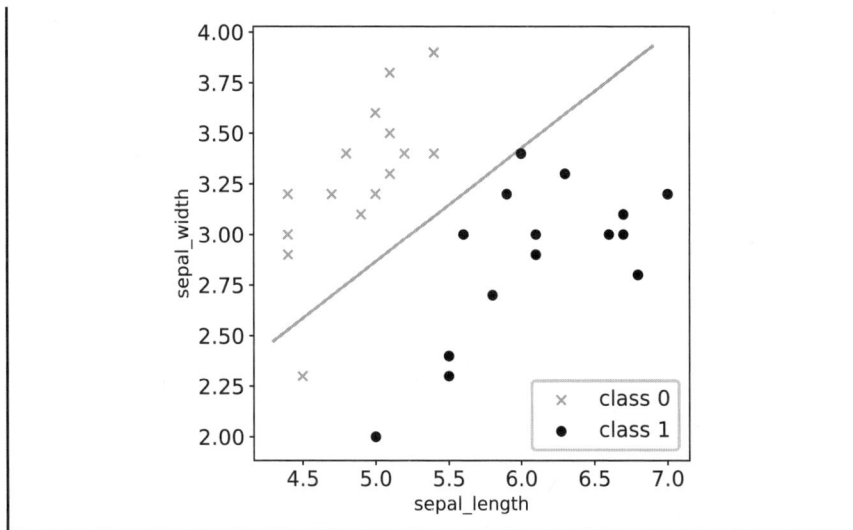

图 8-16 散点图与决策边界的图像

表示学习曲线

现在我们用历史数据来表示学习曲线。现在损失函数值上追加了精度的记录,两者都画图表示。

图 8-17 是以损失函数值为纵轴的图像。我们看到损失函数值单调递减。

```python
# 学习曲线的表示（损失函数）
plt.figure(figsize=(6,4))
plt.plot(history[:,0], history[:,1], 'b')
plt.xlabel('iter', fontsize=14)
plt.ylabel('cost', fontsize=14)
plt.title('iter vs cost', fontsize=14)
plt.show()
```

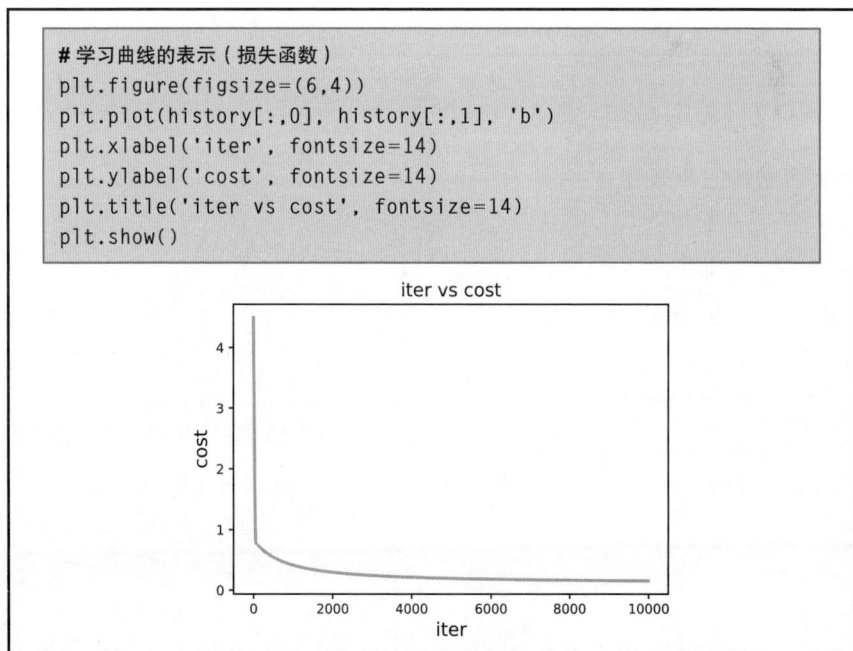

图 8-17 损失函数的推移

图 8-18 是以精度为纵轴的图像。精度没法到 100%，可以想到，这是由于散点图中的异常值。我们看到迭代次数为 2000 次时，精度达到了最佳。

```python
# 学习曲线的表示（精度）
plt.figure(figsize=(6,4))
plt.plot(history[:,0], history[:,2], 'b')
plt.xlabel('iter', fontsize=14)
plt.ylabel('accuracy', fontsize=14)
plt.title('iter vs accuracy', fontsize=14)
plt.show()
```

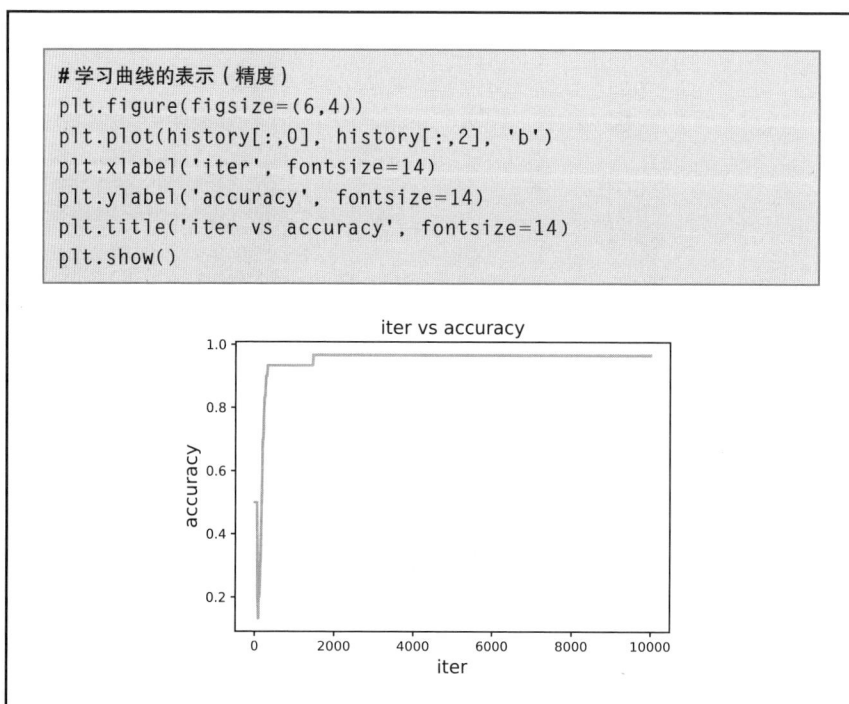

图 8-18　精度的推移

预测函数的三维表示

最后，根据循环迭代计算之后确定的 (w_0, w_1, w_2)，表示 Sigmoid 函数的值（y 的预测值）的三维图像。与原来输入数据的值（z 坐标是 1 或 0 的真实值）叠画如图 8-19 所示。

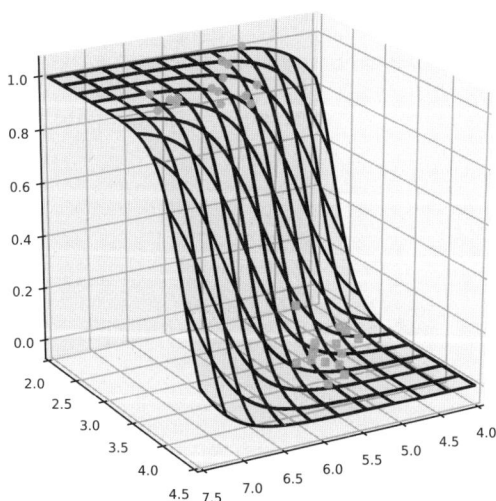

图 8-19　预测函数的三维表示

本章的实践中，我们没有使用模块，而是仅凭本书写出的算式构建了模型。

scikit-learn[9] 里，把现在介绍过的处理过程作为模块，只要输入数据和真实值就能做出同样的模型。

为了比较使用这个模块构建模型的结果，我们叠画了决策边界进行对比。此外，我们还验证了基于其他模型的支持向量机（SVM）。

结果如图 8-20（模型参数都用默认值来验证）。

实践中构造的模型（Hands on）与 scikit-learn 的线性回归模型（scikit LR）结果几乎一样，但是唯有 SVM（scikit SVM）不同，SVM 强行把一个异常值也划在决策边界内部。我们认为，这是由两个模型的思路之差异导致的（线性回归：对所有的点均衡地划一条边界。SVM：关注边界附近，干净分割）。

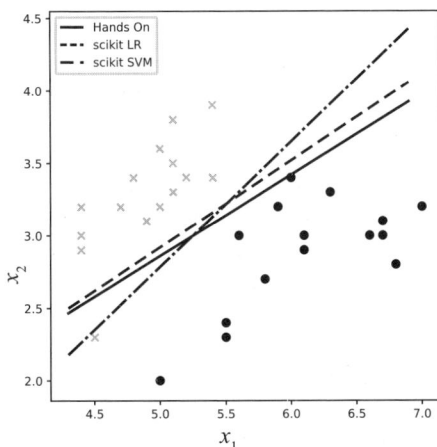

图 8-20　使用模块画二分类的决策边界

专栏 **球迷国王的烦恼与交叉熵**

很久很久以前，有两个国家 A 国和 B 国，君王和臣民都爱好足球。

两位球迷国王兴致高昂，各自组建了 4 支国家队，每天在国内竞技，决定当天的冠军队伍。比赛结果也成了博彩的对象，风行世界。

但是，两位国王都有一桩烦心事，那就是，负责通信的人十分黑心，每传输 1 比特的信息就要消耗 1 万吉尔[10] 通信装置的耗材。为了把"4 局比赛谁赢"用 0 和 1 组合表示，需要 00、01、10、11 这 4 种模式，因此每天传输 2 比特信息要花费 2 万吉尔。国王不知应该如何节约这笔通信费。

A 国的学者知道了国王的烦恼，分析了过去 A 国全部比赛结果，知道了 A1 到 A4 4 支队伍的胜率依次是 1/2、1/4、1/8、1/8。学者思量，"我国 A1 队胜率最大，

---

9. scikit-learn 是用 Python 构建机器学习模型时最标准的模块，预设了很多线性回归和逻辑回归等模型，此外也准备了数据处理和评价等机器学习的必要工具。

10. 一些电子游戏（如《最终幻想》系列）中的虚拟货币单位。——编者注。

好好利用这个性质，把"A1 队获胜"的编码搞短点，总通信费不就节约了吗？"于是想出了以下编码体系。

A1：1
A2：01
A3：000
A4：001

长度并不均衡，但哪支队伍获胜可以截然分开。A3 或 A4 获胜时，虽然比以前的通信费还多，但是概率只有（1/8 ＋ 1/8）也就是全部的 1/4。反过来 A1 的胜率有 1/2，此时通信费就比现在便宜。那么，整体的通信费的期望如下。

$1/2 \times 1$ 万吉尔 ＋ $1/4 \times 2$ 万吉尔 ＋ $1/8 \times 3$ 万吉尔 ＋ $1/8 \times 3$ 万吉尔 ＝ 1.75 万吉尔

每天相当于节约了 2500 吉尔，1 个月大约节约了 75000 吉尔，这对于小国 A 国真是节约不少呢。

学者把这个想法向国王进言，国王把通信装置改用了新的编码体系。改装后的装置一运行，预想的节约实现了。龙颜大悦，学者获奖。

大概也是这个时候，B 国的通信装置发生了故障，赶紧叫工程人员检修，修理需要花费 1 年来解决难题。

但是这样一来就没法把比赛结果发送给全世界了，B 国的国王一筹莫展，忽然计上心来。

"这样，我国的比赛结果也用 A 国的通信装置来发表吧。AB 两国接壤，所以 2 小时就能快马传书。对 A 国逢年过节殷勤送礼，实际花费务必付清。"

于是遣使节照会 A 国，支付了通信费就别无他事，交涉圆满成功。那时认为此事算落实了，但是……

1 个月后，B 国的大臣神色大变，来到国王阶前。

大臣说："陛下，大事不好，比赛结果的通信费用完全超预算了。"

国王说："莫非 A 国不守约定，收取手续费了吗？"

大臣说："臣最初也以为如此，实则不然。A 国并未索取约定之外的费用。其实，A 国为了节约本国的通信费用，使用了自有的编码体系。用这套编码体系来传输我国的比赛结果，比以前的通信费就高了。臣方知如此。"

据大臣所言，过去的比赛记录中，B 国的 4 支队伍不分伯仲，谁的胜率都是 1/4。用 A 国的通信装置在这个胜率下计算通信费的期望如下。

$1/4 \times 1$ 万吉尔 ＋ $1/4 \times 2$ 万吉尔 ＋ $1/4 \times 3$ 万吉尔 ＋ $1/4 \times 3$ 万吉尔 ＝ 2.25 万吉尔

相当于每天多花了 2500 吉尔，1 个月超出预算 75000 吉尔。

国王扶额："这可麻烦了。这样用不了 1 年，我们在外汇商那里的余额就耗光了呀。外汇商等曾言，若无余额，交易立止。这断然不可。卿家且把之前说的提高消费税率的法案向国会提出了罢。别无他法，民心为重，火烧眉毛，且顾眼下。"

抱歉这里讲了个故事。但是，这其实是香农的信息熵的例题。

根据香农的理论：

"所谓某事观察时的信息量，就等于把此事发生的概率以 2 为底取对数再取负值。"

然后有了"信息量的期望叫作信息熵"。

例如我们考察 A 国各队获胜的概率：

"A1 队获胜"此事的信息量是 $-\log_2 \frac{1}{2} = 1$

"A2 队获胜"此事的信息量是 $-\log_2 \frac{1}{4} = 2$

"A3 队获胜"此事的信息量是 $-\log_2 \frac{1}{8} = 3$

"A4 队获胜"此事的信息量是 $-\log_2 \frac{1}{8} = 3$

没其他事的话，这些就是作为情报的价值。

那么，A 国、B 国一届比赛之后的熵可以表示如下。

$$A\,国：-\left(\frac{1}{2}\log_2\frac{1}{2} + \frac{1}{4}\log_2\frac{1}{4} + \frac{1}{8}\log_2\frac{1}{8} + \frac{1}{8}\log_2\frac{1}{8}\right) = \frac{7}{4}$$

$$B\,国：-4 \cdot \frac{1}{4} \cdot \log_2\frac{1}{4} = 2$$

可以看出，所谓"信息熵"，就是在考虑最优编码下的通信成本的期望。

对于 B 国，因为 4 种情况的概率相同，一概用 2 比特的编码方式最优；但是 A 国可以构造根据获胜队来变动编码长度的最优编码体系。

反过来，如果 B 国用 A 国最适合的编码体系来通信，成本就增加了。

这个"信息熵"与机器学习的分类系统里的"交叉熵"有密切关系。

如之前故事里说过的"实际的概率与编码体系不一致导致成本增加"，在考虑用来预测概率值的机器学习系统时，需要考虑预测值与真实值不相吻合的情况。

那么，我们考虑这样的损失函数：

$-\Sigma$（事件 X 的真实值）$\cdot\log$（事件 X 的预测值的概率），找到使它最小化的参数，就能得到最优模型。

这就是交叉熵。相对于原来的熵公式 $-\Sigma[p \cdot \log(p)]$，上式的 log 中不是概率值，而是别的东西——"概率的预测值"，这就是"交叉"二字的由来。正如刚才的故事所示，如果有完美的预测系统，预测值与真实值完全一致，那么此时"交叉熵"的值就最小。所以，交叉熵被用作分类系统的损失函数。

第 8 章

第9章　逻辑回归模型（多分类）

本章我们用与前章同样的素材（鸢尾花数据集）实践多分类模型。多分类的基本流程同样也是"构造预测函数"→"构造评价函数"→"用梯度下降法寻找最优参数"的算法。

多分类中，不是用一个分类器[1]来预测多个值，而是用到"**并行构造多个输出 0 到 1 的概率值的分类器，然后将概率值最高的分类器对应的类别作为整体分类器的预测值**"的方法。因此，与二分类相比有以下区别。

权重向量　→　权重矩阵

Sigmoid 函数　→　Softmax 函数

反过来讲，二分类模型中替换上面两点，就能变成多分类模型。请牢记这一点，继续读下去吧。

本章的结构如图 9-1 所示。

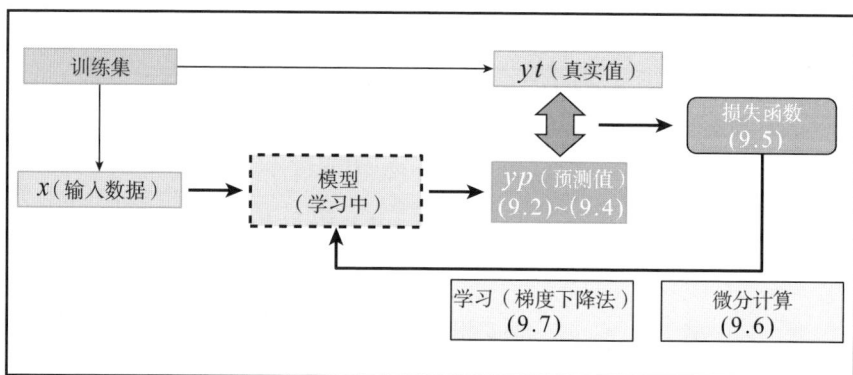

图 9-1　本章的结构

9.1　例题的问题设定

我们继续使用前章的"鸢尾花数据集"作为学习对象的数据。前章里为了让问题设定简单，把原来 3 种的鸢尾花限定在 2 种，然后输入数

---

[1]. 在以"分类"为目的的机器学习模型中，负责输出的节点叫作分类器。

据也从原来的 4 项减掉 2 项。本章把鸢尾花的种类恢复为原来的 3 种，这样一来，问题变成了多分类。

关于输入数据，最初我们用"sepal length"和"petal length"2 项。输入为 2 项，是因为说明起来比较简单，可以很容易地分组。项目变更了一部分，是为了便于三分类。输入项目从 2 项可以很简单地拓展到 4 项，最后我们在编程实践中会尝试一下。

我们整理数据的特征如下。

·分类前的类别（3 类）
class: 0（setosa），1（versicolour），2（virginica）

·输入项目名称（2 项）
sepal length（cm）花萼长度
petal length（cm）花瓣长度

·样本总数（150 个）

表 9-1 展示了输入数据的一部分内容。

表 9-1　训练集的内容

yt（真实值）	x_1（花萼长度）	x_2（花瓣长度）
1	6.3	4.7
1	7	4.7
0	5	1.6
2	6.4	5.6
2	6.3	5
0	5	1.6
0	4.9	1.4
1	6.1	4
1	6.5	4.6

图 9-2 展示了输入数据的散点图。类别 1 和类别 2 之间的边界有点模糊，但是我们知道用这两个变量是可以分类的。

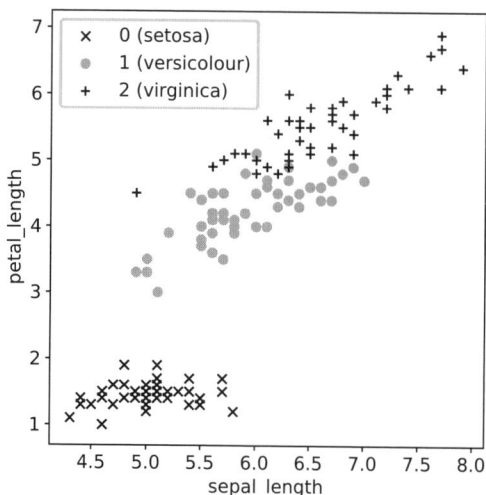

图 9-2　3 类数据的散点图

9.2　模型的基础概念

真实值的独热向量化

前章的二分类里，我们利用模型的最终输出值是 0 和 1 两个值来巧妙定义了预测函数和损失函数。可惜在这个例子里，这个方式对于输出为 0、1、2、3 的模型并不适用。考虑到这点，本章的开篇有"**并行构造多个输出 0 到 1 的概率值的分类器，然后将概率值最高的分类器对应的类别作为整体分类器的预测值**"的方法。

具体而言，把 0、1、2 的真实值变换成（1, 0, 0）、（0, 1, 0）、（0, 0, 1）这样由 0 和 1 组成的向量，构造输出三维向量的模型。这时构造的三维向量叫作**独热向量**。

图 9-3 展示的是把真实值独热向量化模型的操作的概念图。

一对多分类器

请看图 9-3 的模型内部特定的分类器。例如关注"模型 0"时，我们希望在模型原来的真实值是 0（=setosa）时输出 1，在 1（=versicolour）或者 2（=virginica）时输出 0。有这样行为的模型叫作**一对多分类器**。

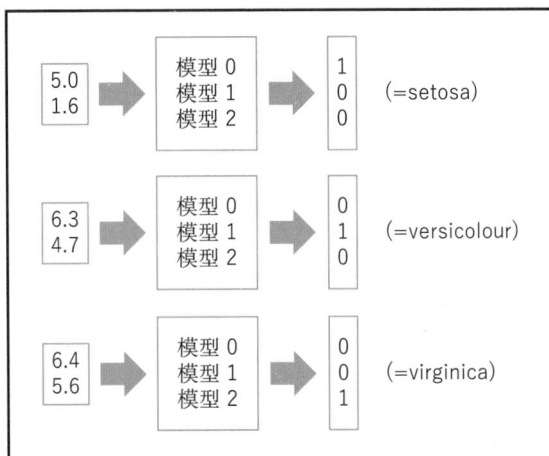

図9-3　出力値独热向量化的预测模型

9.3 权重矩阵

如前节所说，多分类模型内部 N 个模型并列工作。那么相当于前章二分类模型的"权重向量"就必须有 N 个。这种**多个权重向量**的适当的数学表达就是3.7节介绍过的**矩阵**。这时，根据矩阵与向量的积（结果是向量），可以在分类器里同时表现多个内积。

顺带复习一下二分类与权重向量、多分类与权重矩阵的关系，改写一下如图9-4、图9-5所示。

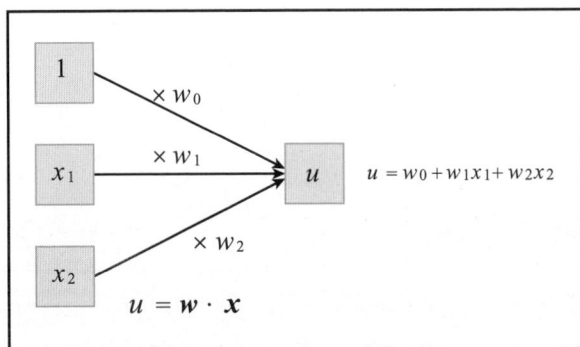

図9-4　二分类与权重向量

图9-4就是二分类模型的样子。左上角"1"的方框里，追加了常值变量，把常数项 w_0 也用内积表现。输入数据用含常值变量的 $x = [(x_0 = 1), x_1, x_2]$ 向量的形式表现，权重也用 $w = (w_0, w_1, w_2)$ 向量表现，输出 u 可以用 $u = w \cdot x$ 的内积形式表现。

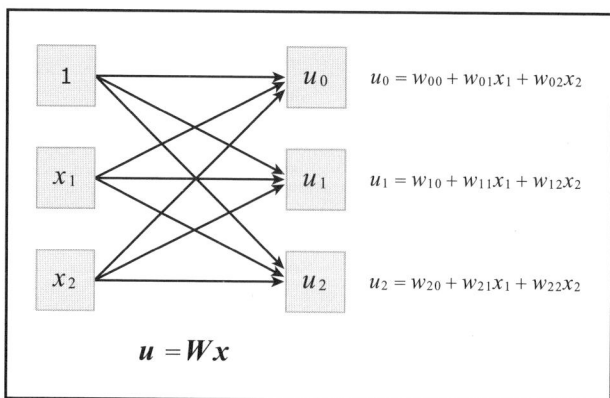

图 9-5 多分类与权重矩阵

图 9-5 展示的是对于多分类，矩阵里同时做多个内积计算的样子。

用算式表现 3 个内积的式子

$$\begin{cases} u_0 = w_{00} + w_{01}x_1 + w_{02}x_2 \\ u_1 = w_{10} + w_{11}x_1 + w_{12}x_2 \\ u_2 = w_{20} + w_{21}x_1 + w_{22}x_2 \end{cases} \tag{9.3.1}$$

它对应的矩阵 W 定义为

$$W = \begin{pmatrix} w_{00} & w_{01} & w_{02} \\ w_{10} & w_{11} & w_{12} \\ w_{20} & w_{21} & w_{22} \end{pmatrix}$$

输入 x，如前加上常值变量 $x_0=1$，式（9.3.1）表现为

$$u = Wx$$

9.4   Softmax 函数

二值分类器里，如图 9-4 所示，计算了输入数据 x 与权重向量 w 的内积之后，把结果代入 Sigmoid 函数，得到的函数值可以解释为模型预测值的 "概率"。那么，多分类中相当于 Sigmoid 函数的处理又是怎样呢？

还记得第 5 章内容的读者应该可以想到，在 5.6 节说明过的 Softmax 函数担任了这个角色。

下面复习一下 Softmax 函数的性质。

· 输入：N 维向量。输出：N 维向量的向量值函数。
· 每个输出的元素取 0 到 1 的值。
· 全部输出的元素加起来是 1。

我们知道"每个元素表示的都是概率值"的模型的输出函数恰好如此。

改写 Softmax 函数的式子如下 [2]：

$$\begin{cases} y_0 = \dfrac{\exp(u_0)}{g(u_0, u_1, u_2)} \\[2mm] y_1 = \dfrac{\exp(u_1)}{g(u_0, u_1, u_2)} \\[2mm] y_2 = \dfrac{\exp(u_2)}{g(u_0, u_1, u_2)} \end{cases} \tag{9.4.1}$$

$$g(u_0, u_1, u_2) = \exp(u_0) + \exp(u_1) + \exp(u_2)$$

式（9.3.1）与式（9.4.1）定义了多值分类器的预测函数。

总结 9.2 节 ~9.4 节的结果，关于多分类模型的结构如图 9-6 所示。

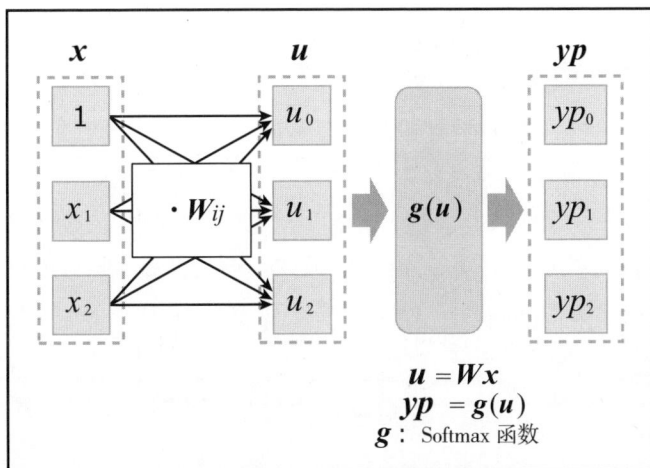

图 9-6　多分类模型的结构图

---

2. 我们考虑到后面的 Python 实操，把 y 的角标变成从 0 开始。

因为已经确定了预测函数，我们接下来就定义损失函数。独热向量化的真实值 yt 与此时的预测向量 yp 表示成：

$$yt=(yt_0, \ yt_1, \ yt_2)$$
$$yp=(yp_0, \ yp_1, \ yp_2)$$

与前章的思路相同，把表示真实值的分类器的概率值取对数，得到结果（对数似然函数）[3]

$$\sum_{i=0}^{2}[yt_i \ln(yp_i)]$$

可以用下例进行确认：

真实值 =2 时
⇔ 真实值的独热向量 $yt=(0, 0, 1)$
⇔ 根据分类器，表示真实值的预测值是 yp_2
⇔ 概率值的对数是 $\ln(yp_2)$
⇔ 把 $yt=(0, 0, 1)$ 代入之前的求和公式，结果一致

与前章一样，损失函数是对数似然函数乘上 −1 得到的结果。在多个样本的情况下，还考虑了对似然函数取平均值的处理，假设样本量 $M=150$，则最终的损失函数公式如式（9.5.1）所示。式（9.5.1）右边并不直接包含权重矩阵 W，请这样考虑：输入数据 $x^{(i)}$ 与通过 Softmax 函数式（9.4.1）得到的向量 yp 的内积，间接地成为 W 的函数[4]。

$$L(W) = -\frac{1}{M}\sum_{m=0}^{M-1}\sum_{i=0}^{2}[yt_i^{(m)} \ln(yp_i^{(m)})] \qquad (9.5.1)$$

式子有两重求和，稍微有点复杂，但是

---

3. 请注意，此式由前章的二分类的交叉熵式（8.4.2）拓展得来。
4. 没有印象的读者请看图 9-6。

- 前面的求和符号是对样本取平均；
- 第 2 个求和符号对应前面介绍过的独热向量，有实际含义的非零项只有一个。

这样想来，就明白此式不难。式（9.5.1）与前章一样，也叫作**交叉熵**。

9.6   计算损失函数的微分

由于已经定义了损失函数式（9.5.1），接下来对损失函数做偏微分，计算梯度。为了例子简便易读，以下计算中消掉样本的角标[5]。

$$yt^{(m)} \rightarrow yt = (yt_0,\ yt_1,\ yt_2)$$
$$yp^{(m)} \rightarrow yp = (yp_0,\ yp_1,\ yp_2)$$

一个样本对应的交叉熵是 ce，表达如下：

$$ce(yp_0, yp_1, yp_2) = -\sum_{i=0}^{2}[yt_i \ln(yp_i)] \tag{9.6.1}$$
$$= -[yt_0 \ln(yp_0) + yt_1 \ln(yp_1) + yt_2 \ln(yp_2)]$$

计算交叉熵 ce 的结果，要考虑的是权重矩阵 W 的函数 $L(W)$。我们把 $L(W)$ 对矩阵的元素 w_{ij} 做偏微分。

以后我们会考虑一般化的式子。首先我们看看对其中一个元素 w_{12} 的偏微分吧。

请看图 9-7。这个图展示的是从输入值 $(1, x_1, x_2)$ 到计算损失函数 L 的计算过程。一目了然：

- w_{12} 的变化受 u_1 影响（与 u_0 和 u_2 无关）；
- u_1 的变化受到 yp_0, yp_1, yp_2 的影响；
- 可知 yp_0, yp_1, yp_2 的变化会影响 L 的值。记住这点，来继续计算偏微分。

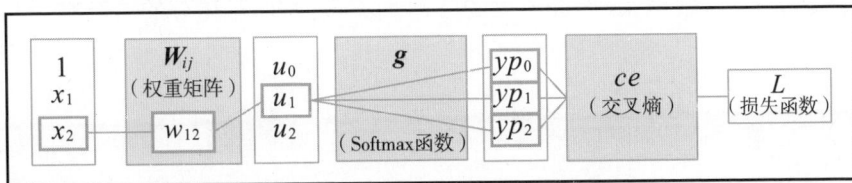

图 9-7　权重矩阵、Softmax 函数与损失函数的关系

5. 意思是暂时把式（9.5.1）前面的求和符号消掉。

初始步骤，我们着眼于 w_{12} 与 u_1 的关系，适用如下的复合函数的微分。

$$\frac{\partial L}{\partial w_{12}} = \frac{\partial L}{\partial u_1} \frac{\partial u_1}{\partial w_{12}} \tag{9.6.2}$$

就是两个偏微分的积。计算前半部分的 $\dfrac{\partial L}{\partial u_1}$ 有点难，留待后文解释，我们先计算后半部分的偏微分 $\dfrac{\partial u_1}{\partial w_{12}}$。

式（9.3.1）的 3 个式子里，我们单看与这里的偏微分有关的式子

$$u_1 = w_{10} + w_{11} x_1 + w_{12} x_2$$

将 u_1 看成 w_{12} 的一次函数(大家已经见惯了训练步的这个式子了吧)，系数是 x_2：

$$\frac{\partial u_1}{\partial w_{12}} = x_2 \tag{9.6.3}$$

把式（9.6.3）代入式（9.6.2）就得到以下结果。

$$\frac{\partial L}{\partial w_{12}} = x_2 \frac{\partial L}{\partial u_1} \tag{9.6.4}$$

然后我们来挑战复杂的前半部分 $\dfrac{\partial L}{\partial u_1}$。

回顾一下图 9-7。这次将 u_1 作为出发点，把 u_1 变化少许，这个变化将引起损失函数 L 怎样变动呢？ 一边思考，一边写下偏微分。回到之前谈过的：

· u_1 的变化受到 yp_0，yp_1，yp_2 的影响；

· 可知 yp_0，yp_1，yp_2 的变化会影响 L 的值。

从 u_1 来看，损失函数 L 可以看作 g(Softmax 函数)与 ce(交叉熵函数)的复合函数，根据 4.4 节介绍过的公式，损失函数做偏微分的结果如下。

$$\frac{\partial L}{\partial u_1} = \frac{\partial L}{\partial yp_0} \frac{\partial yp_0}{\partial u_1} + \frac{\partial L}{\partial yp_1} \frac{\partial yp_1}{\partial u_1} + \frac{\partial L}{\partial yp_2} \frac{\partial yp_2}{\partial u_1} \tag{9.6.5}$$

式（9.6.5）是三对偏微分积的累加，各个积的前半部分 $\dfrac{\partial L}{\partial yp_i}$ 是交叉熵函数，积的后半部分 $\dfrac{\partial yp_i}{\partial u_1}$ 是 Softmax 函数的偏微分。

根据式（9.6.1）把损失函数 L 改写成交叉熵函数的式子如下：

$$L(yp_0, yp_1, yp_2) = ce(yp_0, yp_1, yp_2)$$
$$= -[yt_0 \ln(yp_0) + yt_1 \ln(yp_1) + yt_2 \ln(yp_2)]$$

不厌其烦地说，因为这是训练步，上式的预测值向量 (yp_0, yp_1, yp_2) 是间接包含权重矩阵 W_{ij} 的变量，真实值向量 (yt_0, yt_1, yt_2) 是定值。所以，对它做偏微分结果如下 [6]：

$$\frac{\partial L}{\partial yp_0} = \frac{\partial ce}{\partial yp_0} = -\frac{yt_0}{yp_0}$$

$$\frac{\partial L}{\partial yp_1} = \frac{\partial ce}{\partial yp_1} = -\frac{yt_1}{yp_1} \qquad (9.6.6)$$

$$\frac{\partial L}{\partial yp_2} = \frac{\partial ce}{\partial yp_2} = -\frac{yt_2}{yp_2}$$

根据图 9-7 中 u_1 与 (yp_0, yp_1, yp_2) 的关系，积的后半部分 $\frac{\partial yp_i}{\partial u_1}$ 是 Softmax 函数的偏微分。利用 5.6 节的式（5.6.1）得到计算结果，具体如下：

$$\frac{\partial yp_0}{\partial u_1} = -yp_1 \cdot yp_0$$

$$\frac{\partial yp_1}{\partial u_1} = yp_1(1 - yp_1) \qquad (9.6.7)$$

$$\frac{\partial yp_2}{\partial u_1} = -yp_1 \cdot yp_2$$

把式（9.6.6）和式（9.6.7）代入式（9.6.5），得到如下计算结果。

$$\frac{\partial L}{\partial u_1} = \frac{\partial L}{\partial yp_0}\frac{\partial yp_0}{\partial u_1} + \frac{\partial L}{\partial yp_1}\frac{\partial yp_1}{\partial u_1} + \frac{\partial L}{\partial yp_2}\frac{\partial yp_2}{\partial u_1} \qquad (9.6.8)$$

$$= -\frac{yt_0}{yp_0} \cdot (-yp_1 \cdot yp_0) - \frac{yt_1}{yp_1} \cdot yp_1(1 - yp_1) - \frac{yt_2}{yp_2} \cdot (-yp_1 \cdot yp_2)$$

$$= yt_0 \cdot yp_1 - yt_1(1 - yp_1) + yt_2 \cdot yp_1 = -yt_1 + yp_1(yt_0 + yt_1 + yt_2)$$

$$= yp_1 - yt_1$$

(yt_0, yt_1, yt_2) 是真实值独热向量化后的数据，从定义来看，只有 1 个值是 1，其他都是 0。所以我们在最后的变形中用到 $yt_0 + yt_1 +$

---

6. 3 个式子的变形都使用了对数的微分公式。

$yt_2=1$。

中间的计算一眼看去不胜其烦，最终的形式却十分简单。

根据式（9.6.8）的结果可知，损失函数 L 对 u_0 和 u_2 做偏微分也是同样的。那么，下式成立。

$$\frac{\partial L}{\partial u_i} = yp_i - yt_i$$
$$(i=0,\ 1,\ 2) \tag{9.6.9}$$

这里，我们定义误差 **yd** 为预测值向量 **yp** 与真实值向量 **yt** 的差，与第 8 章相同。

$$\boldsymbol{yd} = \boldsymbol{yp} - \boldsymbol{yt} \tag{9.6.10}$$

使用误差向量 **yd** 改写式（9.6.9）：

$$\frac{\partial L}{\partial u_i} = yd_i$$
$$(i=0,\ 1,\ 2) \tag{9.6.11}$$

使用式（9.6.11）改写式（9.6.4）：

$$\frac{\partial L}{\partial w_{12}} = x_2\frac{\partial L}{\partial u_1} = x_2 \cdot yd_1 \tag{9.6.12}$$

对式（9.6.12）的结果做一般化处理，易知以下式子成立。

$$\frac{\partial L}{\partial w_{ij}} = x_j \cdot yd_i \tag{9.6.13}$$

式（9.6.13）是多分类里损失函数对权重矩阵的元素 w_{ij} 做偏微分的结果。中间的计算很复杂，但结论与二分类时一样，形式十分简单。进而，如果只是计算偏微分的话，作为中间过程的式（9.6.11）将在第 10 章深度学习中大显神通，为此，我们特意将其单独记录下来。

以上都是不考虑样本，用简单形式对损失函数做微分。考虑样本的真实损失函数式（9.5.1），应用式（9.6.13）的计算结果，可以得到下面算式。其中 M 是样本总数（在后面的实践中取 150）。

$$\frac{\partial L}{\partial w_{ij}} = \frac{1}{M}\sum_{m=0}^{M-1} x_j^{(m)} \cdot yd_i^{(m)} \tag{9.6.14}$$

式（9.6.14）是多分类模型的损失函数偏微分的计算结果。

计算是挺长的，但总而言之，我们可以知道就是与二分类时用相同的简单式子"（x 的输入值）×（y 的误差）"计算损失函数的偏微分（梯度）。

9.7　梯度下降法的应用

前节我们求得了损失函数的偏微分的结果（叫作梯度函数），这里我们同样改写成梯度下降法的算法。想象一下以上的结果，与二分类相比，只需把"权重向量"变成"权重矩阵"，就可以用几乎相同的方式来实现梯度下降法的算法。具体改写算式如下。

因为各种各样的角标挺麻烦，我们先来整理一下角标、变量的名字和含义。

【角标】

k：循环迭代次数。

m：样本序号。

i，j：对应向量和矩阵的角标。

【变量】

M：样本总数（＝150）。

N：类别数（＝3）。

$$u^{(k)(m)} = W^{(k)} \cdot x^{(m)} \qquad (9.7.1)$$

$$yp^{(k)(m)} = h(u^{(k)(m)}) \qquad (9.7.2)$$

$$h_i = \frac{\exp(u_i)}{\displaystyle\sum_{j=0}^{N-1} \exp(u_j)} \qquad (9.7.3)$$

$$yd^{(k)(m)} = yp^{(k)(m)} - yt^{(m)} \qquad (9.7.4)$$

$$w_{ij}^{(k+1)} = w_{ij}^{(k)} - \frac{\alpha}{M} \sum_{m=0}^{M-1} yd_i^{(k)(m)} \cdot x_j^{(m)} \qquad (9.7.5)$$

各种算式的含义如下。

式（9.7.1）：权重矩阵与输入数据的内积。

式（9.7.2）：基于内积结果，用 Softmax 函数计算预测值向量。

式（9.7.3）：Softmax 函数的定义。

式（9.7.4）：用预测值向量与真实值向量计算误差向量。

式（9.7.5）：基于误差变更权重矩阵的值。

9.8　编程实践

基于前节得到的结果，我们来编程实践试试。请一边编程一边阅读确认步骤。

本节也与之前一样，抽出解说代码中的关键点。

独热向量化

请看图 9-8。这是本章开头真实值的独热向量化的实际操作。实操用到了 scikit-learn 模块中的独热 Encoder 函数。

我们利用 np.c_ 的能力把原来的 150 维向量 y_org 一下子变成（150 × 1）的矩阵形式。这种形式的变量乘上模块里的 fit_transform 函数，就执行了独热向量化。

```
# 把 y 独热向量化
from sklearn.preprocessing import OneHotEncoder
ohe = OneHotEncoder(sparse=False,categories='auto')
y_work = np.c_[y_org]
y_all_one = ohe.fit_transform(y_work)
print('原状', y_org.shape)
print('二维化', y_work.shape)
print('独热向量化后', y_all_one.shape)
```

```
原状 (150,)
二维化 (150, 1)
独热向量化后 (150, 3)
```

图 9-8　真实值的独热向量化

训练步

图 9-9 与图 9-10 展示的是数据整理成训练集的样子。2 列数据与取 1 的常值变量构成了输入数据。真实值原来是取值为 0 到 2 的整数，经独热向量化变换成了取值为 0 或 1 的三维向量。我想大家都明白了。

```
print(' 输入数据 (x)')
print(x_train[:5,:])
```

```
输入数据 (x)
[[1.  6.3 4.7]
 [1.  7.  4.7]
 [1.  5.  1.6]
 [1.  6.4 5.6]
 [1.  6.3 5. ]]
```

图 9-9　输入数据

```
print(' 真实值 (y)')
print(y_train[:5])
```

```
真实值 (y)
[1 1 0 2 2]
```

```
print(' 真实值（独热向量化后）')
print(y_train_one[:5,:])
```

```
真实值（独热向量化后）
[[0. 1. 0.]
 [0. 1. 0.]
 [1. 0. 0.]
 [0. 0. 1.]
 [0. 0. 1.]]
```

图 9-10　真实值

Softmax 函数

图 9-11 展示的是 Softmax 函数的实操，对应前节的式（9.7.3）。代码虽短，有两个要点：

·溢出对策

输入值非常大时，计算过程中的 $\exp(x_i)$ 可能溢出。这里调节输入值的最大值，在调用指数函数之前，从向量中减掉了最大值 [7]。

---

7. 即使这么处理函数的结果也不变，我们把它作为指数函数的练习题。感兴趣的读者请自己试试。

第 9 章

·面向矩阵的运算

　　输入变量可能是向量，多个字段的话就是矩阵了。要想在实践中对付得来这两者，把输入数据转置一下，最后再回到一维，使用统计函数 sum、max 附加（axis=0）的参数就能搞定了，但是我们对此还要花点工夫。因为下面的专栏会介绍统计函数的作用，欲知详情，请一边阅读专栏，一边回味图 9-11 的代码吧。

```
# Softmax 函数 式（9.7.3）
def Softmax(x):
    x = x.T
    x_max = x.max(axis=0)
    x = x - x_max
    w = np.exp(x)
    return (w / w.sum(axis=0)).T
```

图 9-11　Softmax 函数

专栏 NumPy 中的矩阵计算

　　本章的编程中我们用到了对矩阵的统计函数（sum 和 mean 等以向量为对象返回 1 个结果的函数）。我们介绍一下其中举足轻重的 axis 的意思。

　　请看图 9-12。

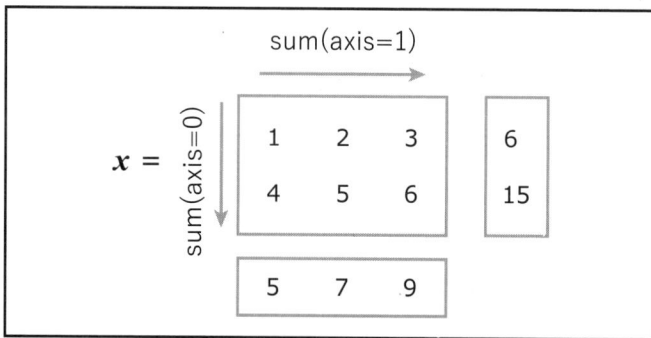

图 9-12　统计函数的操作

　　这里统计函数的对象 x 是 2×3 的矩阵。这时，我们看到名为 sum 的统计函数有对行做加法和对列做加法两种方法。统计函数 sum 的参数 axis 就是决定方向的参数。"axis = 0" 是行方向的加法，"axis = 1" 是列方向的加法的意思。

　　以实际代码为例，如图 9-13 所示。

```
import numpy as np
```

```
x = np.array([[1,2,3],[4,5,6]])
print(x)
```

```
[[1 2 3]
 [4 5 6]]
```

```
y = x.sum(axis=0)
print(y)
```

```
[5 7 9]
```

```
z = x.sum(axis=1)
print(z)
```

```
[ 6 15]
```

图 9-13 统计函数编码示例与结果示例

进一步，不带 axis 参数对矩阵做 sum 等统计，返回的结果是对全部元素的统计。

预测函数

图 9-14 是计算预测值的函数 pred 的实操。与二分类时所见没有两样。但是，细节如表 9-2 所示，确实有不同。不同之处在于输出数据变成了向量。

```
# 预测值的计算 式 (9.7.1)、式 (9.7.2)
def pred(x, W):
    return Softmax(x @ W)
```

图 9-14 预测函数

表 9-2 二分类与多分类预测函数的区别

	二分类	多分类
权重	向量（w）	矩阵（W）
函数	Sigmoid 函数	Softmax 函数
返回值	向量（样本）	矩阵（样本 × 类别）

初始化处理

图 9-15 展示了梯度下降法的初始化处理。与二分类不同,新增了函数 N(类别)。

以前的"权重向量"w 变量,变成了(输入数据维度 × 类别数)2 列元素的"权重向量"W。其他与以前相同。

```
# 初始化处理

# 样本总数
M  = x.shape[0]
# 输入数据维数(含常值函数)
D = x.shape[1]
# 类别数
N = yt.shape[1]

# 循环迭代次数
iters = 10000

# 学习率
alpha = 0.01

# 权重向量的初始值(全部设为 1)
W = np.ones((D, N))

# 评价结果记录
history = np.zeros((0, 3))
```

图 9-15　初始化处理

主程序

图 9-16 展示了梯度下降法的主程序。

循环迭代的本质部分,是循环开头的 3 行。只看这部分,与前章的二分类代码几乎一样。

实际上 yt、yp、yd、W 各个数据结构都从向量变成了矩阵。

随之的"x.T @ yd"内积计算改成

x.T:3×75〔(输入维数)×(训练集样本数)〕

yd:75×3〔(训练集样本数)×(类别数)〕

二者的矩阵计算,结果是 3×3 的矩阵,原来矩阵的元素一起变掉了。

```
# 主程序
for k in range(iters):

    # 预测值的计算 式（9.7.1）、式（9.7.2）
    yp = pred(x, W)

    # 误差的计算 式（9.7.4）
    yd = yp - yt

    # 权重的更新 式（9.7.5）
    W = W - alpha * (x.T @ yd) / M

    # 计算结果的记录
    if (k % 10 == 0):
        loss, score = evaluate(x_test, y_test, y_test_one, W)
        history = np.vstack((history,
            np.array([k, loss, score])))
        print("epoch = %d loss = %f score = %f"
            % (k, loss, score))
```

图 9-16　主程序

确认损失函数值和精度

　　图 9-17 展示的是最初状态和最终状态的损失函数和精度。我们看到，两者都比初期变好了。

```
# 确认损失函数值和精度
print('最初状态：损失函数 %f，精度 %f'
    % (history[0,1], history[0,2]))
print('最终状态：损失函数 %f，精度 %f'
    % (history[-1,1], history[-1,2]))
```

最初状态：损失函数 1.092628，精度 0.266667
最终状态：损失函数 0.197948，精度 0.960000

图 9-17　损失函数值和精度

交叉熵函数

　　图 9-18 展示交叉熵函数的实操。

```
# 交叉熵函数 式(9.5.1)
def cross_entropy(yt, yp):
    return -np.mean(np.sum(yt * np.log(yp), axis=1))
```

图 9-18　交叉熵函数的实操

交叉熵函数就是式（9.5.1）的实际结果。

参数 yt（真实值向量）和 yp（预测值向量）成了矩阵。

· 将"yt * log（yp）"的结果按维度分类加和 [np.sum（...,
  axis=1）]；

· 1 维的计算结果取平均值 [np.mean（...）] 后取负值。

评价函数

接下来处理图 9-19 所示的评价函数（evaluate）。

```
# 评价模型的函数
from sklearn.metrics import accuracy_score

def evaluate(x_test, y_test, y_test_one, W):

    # 预测值的计算（概率值）
    yp_test_one = pred(x_test, W)

    # 从概率值导出分类（0,1,2）
    yp_test = np.argmax(yp_test_one, axis=1)

    # 损失函数值的计算
    loss = cross_entropy(y_test_one, yp_test_one)

    # 精度的计算
    score = accuracy_score(y_test, yp_test)
    return loss, score
```

图 9-19　评价函数

（1）使用测试集（x_test：训练没用到的数据）计算预测值；

（2）因为（1）的预测值是概率值向量的信息，所以基于这个值用
    argmax 函数算出最适合的类别；

（3）用 cross_entropy 函数（图 9-18 实操）计算损失函数；

（4）使用（2）的结果和 scikit-learn 的 accuracy_score 函数，对测试集计算精度；

（5）返回（3）的损失函数值和（4）的精度。

学习曲线的表示

图 9-20 和图 9-21 展示了对于测试集（训练没用到的数据）损失函数与精度的学习曲线。我们看到损失函数从始至终都在减少。而对于精度，差不多到 2000 次就不怎么增加了，大约 4000 次就达到上限了。

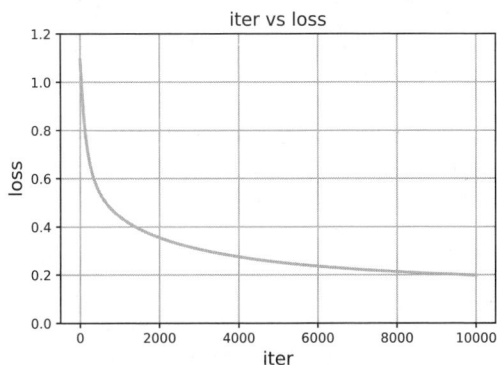

图 9-20　损失函数的图像

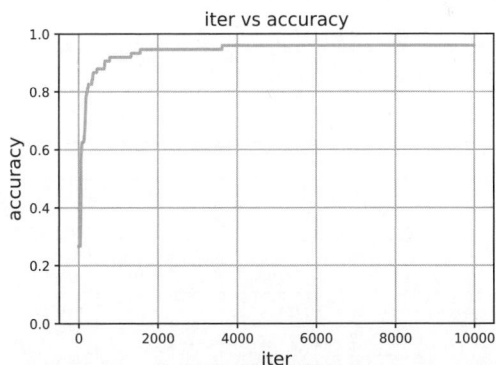

图 9-21　精度的图像

最后，图 9-22 展示的是三维图像。这个图像是用这次做的模型的三分类器，基于 x、y 值求得概率值，再画到三维上。从图像中能看出 3 个模型取到高概率值的范围。

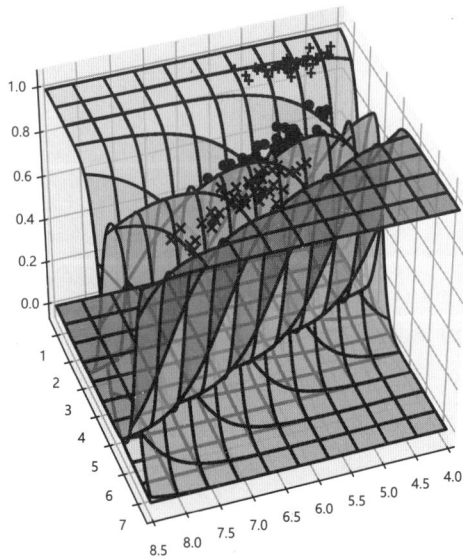

图 9-22　三分类器的预测值的三维图像

输入数据的四维化

最后，我们看看输入数据从二维增加到四维又会怎样。与第 7 章相同，为了让代码能对应一般的维数，我们尝试只把输入数据的维度改成变动的。以下记录的是代码的变更部分和结果。

图 9-23 表示的是四维版本的输入数据的构造。x_train2 追加常值变量可以做成五维数据。我们想把实际的代码泛化，这样以后的代码就不用再改了。据此，后面是执行结果。

```
# 追加常值变量
x_all2 = np.insert(x_org, 0, 1.0, axis=1)
```

```
# 切分训练集、测试集
from sklearn.model_selection import train_test_split

x_train2, x_test2, y_train, y_test,¥
y_train_one, y_test_one = train_test_split(
    x_all2, y_org, y_all_one, train_size=75,
    test_size=75, random_state=123)
print(x_train2.shape, x_test2.shape,
    y_train.shape, y_test.shape,
    y_train_one.shape, y_test_one.shape)
```

```
(75, 5) (75, 5) (75,) (75,) (75, 3) (75, 3)
```

```
print(' 输入数据(x)')
print(x_train2[:5,:])
```

```
输入数据(x)
[[1.  6.3 3.3 4.7 1.6]
 [1.  7.  3.2 4.7 1.4]
 [1.  5.  3.  1.6 0.2]
 [1.  6.4 2.8 5.6 2.1]
 [1.  6.3 2.5 5.  1.9]]
```

```
# 学习对象的选择
x, yt, x_test   = x_train2, y_train_one, x_test2
```

图 9-23　输入数据的构造

图 9-24 展示执行的结论。就这次的对象数据而言，很遗憾精度与二变量时并没有什么改变。前面也说过，有一个近乎异常的数据，无论如何也会有误差。但是损失函数从相当于二变量时的约 0.2，变到了约 0.14，相比之下，确实可以认为这是个品质更高的模型。

```
# 确认损失函数值和精度
print(' 最初状态 : 损失函数 %f, 精度 %f'
    % (history[0,1], history[0,2]))
print(' 最终状态 : 损失函数 %f, 精度 %f'
    % (history[-1,1], history[-1,2]))
```

```
最初状态 : 损失函数 1.091583, 精度 0.266667
最终状态 : 损失函数 0.137235, 精度 0.960000
```

图 9-24　损失函数值和精度

图 9-25、图 9-26 展示了以损失函数值和精度为纵轴的学习曲线的图像。二变量时最优精度是 0.96，发生在迭代 4000 次时，这次迭代 1000次就达到了。这表明损失函数变小的同时，模型随着变量增多，质量也得到提高。

还有一点，最后实践里有个重要的事。本章原来的输入变量是二维，以此为前提，考察模型的工作，用算法实践。这样模型自然地拓展到输入变量四维的形式，结果毫无问题，实现了这样的拓展。这表示模型可以拓展到任意维度。实际上，在后面的第 10 章，为了图像处理，我们将采用 768 维的输入数据。

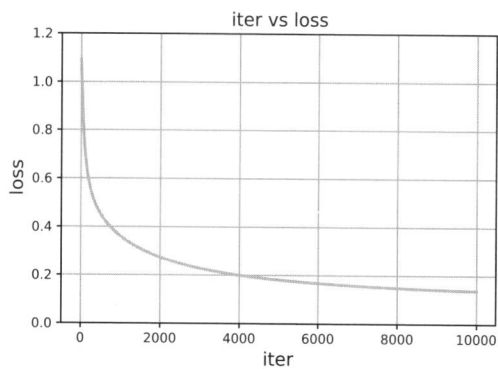

图 9-25　损失函数的图像

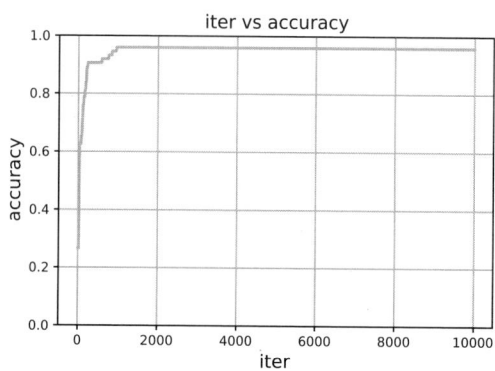

图 9-26　精度的图像

第 10 章　深度学习模型

本章开始实践深度学习模型。

此前的模型里，神经网络的"节点"仅仅表述了"输入节点"和"输出节点"，从现在开始，"隐层节点"出场了，学习规则也变复杂了，但是按顺序计算下来，我们看到这就是前章的逻辑回归的应用问题。

本章里最初用的是 3 层神经网络和一个所谓隐层，最后也采用 2 个隐层的模式。深度学习模型的定义里，有"存在隐层的神经网络"与"至少 2 个隐层的神经网络"两种，但最后的例题对这两种定义都符合。

现在，我们离山顶已经一步之遥。加油吧，无限风光在险峰。

与往常一样，我们用图 10-1 展示本章的结构。

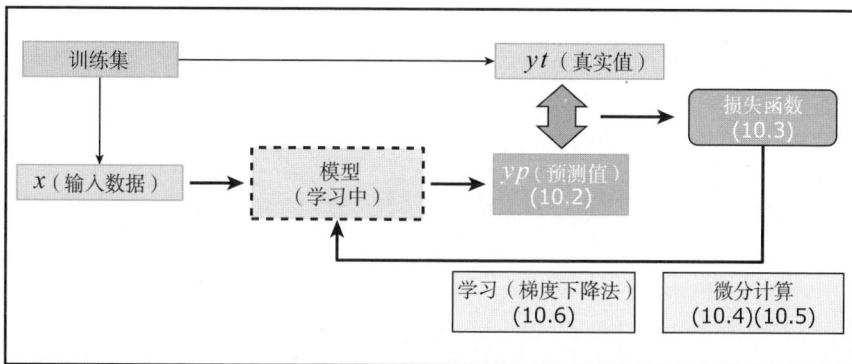

图 10-1　本章的结构

10.1　例题的问题设定

本章使用"mnist 手写数字"作为学习的对象。

这是 28 像素 ×28 像素的手写数字图像数据，网上公开训练集 6 万个，测试集 1 万个，共计 7 万个。深度学习中必须使用大量的训练样本，作为训练用这组数据最合适。

图 10-2 抽样展示了一些手写文字数据。

本章里 28 像素 ×28 像素的数字图像为一维的 784（= 28 × 28）元

素的数据。以此作为输入数据构建模型。各元素为 0（白）~ 255（黑）
的灰度值。

　　深度学习里，也有以二维图像的状态来处理数据的方法，叫作
CNN。关于 CNN，第 11 章会简单介绍。

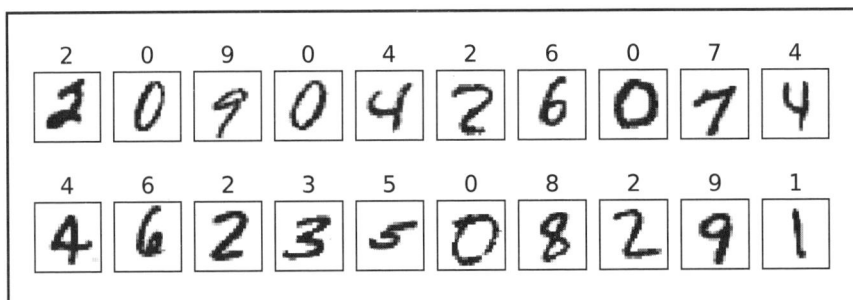

图 10-2　一些 mnist 数据

10.2　模型结构与预测函数

　　请看图 10-3。从此开始，我们介绍 3 层神经网络的结构。虽然形式
挺复杂，但每个构成的要素，都在之前介绍过。我们按顺序来说明一
下吧。

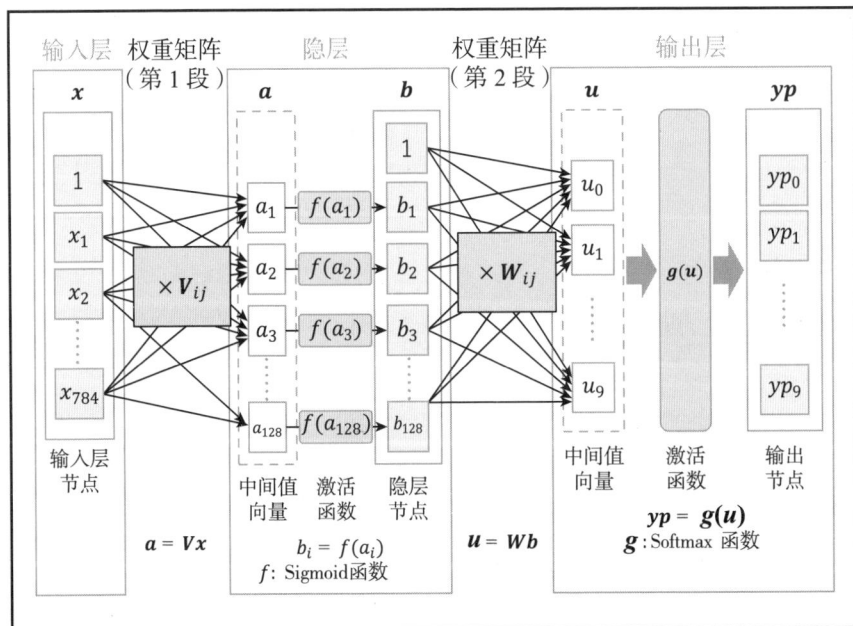

图 10-3　3 层神经网络的结构

首先是整体结构。之前的神经网络节点，只有输入层和输出层，但这回中间可以加个所谓"隐层"的东西。权重矩阵也随之增加成 2 个，第 1 段矩阵 V，第 2 段矩阵 W。请对照图 10-3 仔细确认整体结构。

图 10-3 中，隐层和输出层里有"中间值向量""激活函数（输出函数）""结果节点（隐层节点 / 输出层节点）"3 个。3 个要素的作用在第 8 章、第 9 章虽然简单出现过，但名称变了，以下说明一下。

中间值向量：前一层节点与权重矩阵相乘之后的向量。在 9.4 节的图 9-6 中对应的是向量 u。

激活函数：作用于中间值向量的函数，用于得到各层最终的值（结果节点）。图 9-6 中对应的是 Softmax 函数 $g(u)$。第 8 章的二分类里是 Sigmoid 函数。

结果节点：有激活函数得到的最终值的节点。图 9-6 中对应的是向量 yp。

整理以上关系，如表 10-1 所示。

表 10-1　层与构成元素的关系

	隐层	输出层
中间值向量	a	u
激活函数	Sigmoid 函数 $f(a_i)$	Softmax 函数 $g(u)$
结果节点	b（隐层节点）	yp（输出层节点）

我们按顺序说明预测时数据是怎样流转的。

首先，第一步是从输入层节点 x 到隐层 b 的隐层处理。与之前一样，输入层节点 x 里的输入变量始终追加一个常值变量 1。故而，输入数据变成了 769 维。与之前的实践相比，维度增加了不少，但是前章也确认过了，我们考虑的算法与输入维度没有关系，所以当然没问题。

向隐层输入，第 1 段的权重矩阵是 V_{ij}。隐层节点 b 的维度是 128[1]。因此，第 1 段的权重矩阵 V 有 769×128 个元素。

从输入层节点 x 求得中间值向量 a

$$a = Vx$$

从 a 的元素 a_i 计算隐层 b 的元素 b_i，以 Sigmoid 函数为激活函数 $f(x)$

---

1. 隐层节点的维数不用特意决定。读者若关心这个值的变化引起结果怎样变化，可以在实践编程中变动隐层节点的维数（H）来试试看。

$$b_i = f(a_i)$$

$$f(x) = \frac{1}{1 + \exp(-x)}$$

下一步是从隐层节点 b 处理得到输出层节点 yp。此时也和之前一样，与权重矩阵 W 做内积

$$u = Wb$$

求得中间值向量 u。用 Softmax 函数作用到这个向量 u，得到输出用的预测值 yp。用算式表达如下 [2]：

$$yp = g(u)$$

$$g_i(u) = \frac{\exp(u_i)}{\displaystyle\sum_{k=0}^{N-1} \exp(u_k)}$$

把以上式子改写如下：

$$a = Vx \qquad (10.2.1)$$

$$b_i = f(a_i) \qquad (10.2.2)$$

$$f(x) = \frac{1}{1 + \exp(-x)} \qquad (10.2.3)$$

$$u = Wb \qquad (10.2.4)$$

$$yp = g(u) \qquad (10.2.5)$$

$$g_i(u) = \frac{\exp(u_i)}{\displaystyle\sum_{k=0}^{N-1} \exp(u_k)} \qquad (10.2.6)$$

式子挺多，跟下来挺难。请比照图 10-3 跟着数据的流转来看吧。处理的流程从最左的输入层节点 x 到最右的输出层节点 yp，水到渠成。如此这般，从输入层节点得到输出层节点 yp 的计算过程叫作**顺传播**。

---

2. 算式中的 N 是类别数，例题里是 10。

10.3 损失函数

前章介绍过的多分类逻辑回归模型与本章的深度学习模型相比，输出部分一模一样。这意味着损失函数的定义也一模一样。

因此，这里我们略过损失函数（交叉熵）的式子。忘记的读者请再读读 9.5 节来理解一下吧。

$$L(\boldsymbol{W}) = -\frac{1}{M}\sum_{m=0}^{M-1}\sum_{i=0}^{N-1}[yt_i^{(m)}\ln(yp_i^{(m)})]$$

式子中变量的含义如下：

M：样本个数

N：类别数

$yt_i^{(m)}$：真实值（第 m 个样本对应的第 i 个分类器的真实值）

$yp_i^{(m)}$：预测值（第 m 个样本对应的第 i 个分类器的输出）

下节是损失函数的微分计算，为了简化计算，去掉了样本的角标。这时损失函数的式子如下：

$$L(\boldsymbol{W}) = -\sum_{i=0}^{N-1}yt_i\ln(yp_i)$$

10.4 计算损失函数的微分

我们终于到了深度学习模型的损失函数的微分计算，我们做梯度下降法的准备。

请看图 10-4。与前章的图 9-7 一样，这里展示的是从输入数据变到损失函数值的计算过程。因为大部分结构很复杂，所以在图 10-3 中作了简化。每个元素还是一样的，不明白的读者请比照着图 9-7 来看吧。

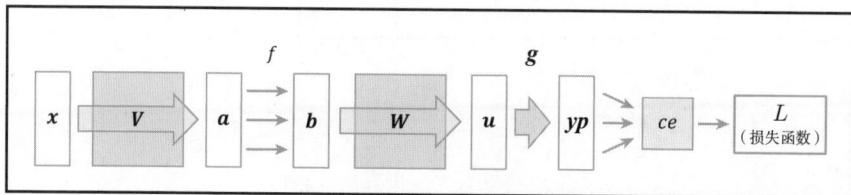

图 10-4 输入数据与损失函数的关系

一开始我们整理图 10-4 各个变量（确切来说是向量）的关系如下：

$$a = Vx$$

$$b_i = f(a_i)$$

$f(x)$: Sigmoid 函数

$$u = Wb$$

$$yp = g(u)$$

$g(u)$: Softmax 函数

$$L = ce = -\sum_{k=0}^{N-1} yt_k \ln(yp_k)$$

首先我们考虑图 10-4 从最后的损失函数 L 逆向构造 b。这样一来，我们知道，图 10-4 的变量由 b 替掉了 x，

与前章相同。因此，本章的 2 个权重矩阵 V 和 W 中，关于第 2 段的权重矩阵 W，可以用与前章完全相同的微分计算得到。

改写这部分，一并标出前章的序号如下：

$$yd = yp - yt \qquad （10.4.1）\!\!\leftarrow\!\!（9.6.10）$$

$$\frac{\partial L}{\partial u_i} = yd_i \qquad （10.4.2）\!\!\leftarrow\!\!（9.6.11）$$

$$\frac{\partial L}{\partial w_{ij}} = b_j \cdot yd_i \qquad （10.4.3）\!\!\leftarrow\!\!（9.6.13）$$

终于开始挑战第 1 段权重矩阵 V 的偏微分了。与前章相同，首先计算特定元素 v_{12} 的偏微分，再把结果一般化。

请看图 10-5。此图关注的是权重矩阵特定的元素 v_{12}，展示了这个元素变动时有怎样的影响。

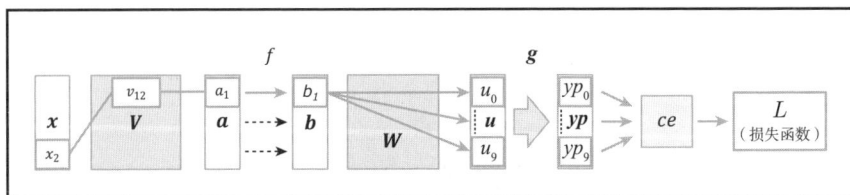

图 10-5 v_{12} 变化时受影响的元素

从图中看到，关于隐层的中间值向量 **a**，只关系到元素 a_1。向量 **a** 的 a_2 之后的元素与 v_{12} 的变化无关，所以使用 4.4 节的复合函数的公式，我们知道下式成立。

$$\frac{\partial L}{\partial v_{12}} = \frac{\partial L}{\partial a_1} \cdot \frac{\partial a_1}{\partial v_{12}}$$

（10.4.4）

首先考虑 $\frac{\partial a_1}{\partial v_{12}}$。改写式（10.2.1）的各元素，取出 a_1 元素的行如下：

$$a_1 = v_{10} x_0 + v_{11} x_1 + v_{12} x_2 + v_{13} x_3 + \cdots$$

得到如下结果

$$\frac{\partial a_1}{\partial v_{12}} = x_2$$

（10.4.5）

把式（10.4.5）的结果代入式（10.4.4），得到下式

$$\frac{\partial L}{\partial v_{12}} = x_2 \cdot \frac{\partial L}{\partial a_1}$$

（10.4.6）

然后计算 $\frac{\partial L}{\partial a_1}$ 的偏微分。

请再看一下图 10-5。a_1 的变化在 **b** 层只传播到 b_1（进而可说与 b_2 之后的元素无关）。

根据复合函数公式，变成下式

$$\frac{\partial L}{\partial a_1} = \frac{\partial L}{\partial b_1} \cdot \frac{\mathrm{d} b_1}{\mathrm{d} a_1}$$

（10.4.7）

等号右边的后半是函数 $f(a_1)$ 的微分

$$\frac{\mathrm{d} b_1}{\mathrm{d} a_1} = f'(a_1)$$

（10.4.8）

再看图 10-5 来确认 b_1 变化的影响。我们知道 b_1 的变化会传播到 **u** 的所有元素。这是，使用含有偏微分的复合函数微分公式（4.4.5）来计算偏微分的值如下：

$$\frac{\partial L}{\partial b_1} = \sum_{l=0}^{N-1} \frac{\partial L}{\partial u_l} \frac{\partial u_l}{\partial b_1}$$

（10.4.9）

关于 $\dfrac{\partial L}{\partial u_i}$，用第 9 章得到的结果［即复述式（10.4.2）］，微分的变量名字不叫 u_i，改为 u_l，改写如下：

$$\frac{\partial L}{\partial u_l} = yd_l \qquad (10.4.10)$$

关于 $\dfrac{\partial u_l}{\partial b_1}$，以 u_2 为例

$$u_2 = w_{20}\,b_0 + w_{21}\,b_1 + w_{22}\,b_2 + w_{23}\,b_3 + \cdots$$

因此

$$\frac{\partial u_2}{\partial b_1} = w_{21}$$

对此一般化

$$\frac{\partial u_l}{\partial b_1} = w_{l1} \qquad (10.4.11)$$

最终，式（10.4.9）根据式（10.4.10）和式（10.4.11）可以改写如下：

$$\frac{\partial L}{\partial b_1} = \sum_{l=0}^{N-1} yd_l \cdot w_{l1} \qquad (10.4.12)$$

在式（10.4.7）中代入式（10.4.8）和式（10.4.12），得到下式

$$\frac{\partial L}{\partial a_1} = f'(a_1) \sum_{l=0}^{N-1} yd_l \cdot w_{l1} \qquad (10.4.13)$$

式（10.4.6）和式（10.4.13）就是最终的偏微分的结果。对元素 v_{ij} 一般化，得到下式

$$\frac{\partial L}{\partial v_{ij}} = x_j \cdot \frac{\partial L}{\partial a_i} \qquad (10.4.14)$$

$$\frac{\partial L}{\partial a_i} = f'(a_i) \sum_{l=0}^{N-1} yd_l \cdot w_{li} \qquad (10.4.15)$$

这就是对第 1 段的权重矩阵 V 的特定元素 v_{ij} 的偏微分计算结果。

本节把前节得到的偏微分计算结果整理成便于落地到 Python 的形式。可以看出，权重矩阵的微分计算与预测时相反，必须从邻近输出层节点的地方开始逆向计算。然后可知，一系列微分计算的出发点是输出层节点的误差。这种计算方式叫作"**误差逆传播**"。以下我们具体说明一下。

首先，我们把前节得到的对权重矩阵 V 的元素做偏微分的结果，与前章求得的权重矩阵 W 的偏微分结果并列来看。

前章的结果（权重矩阵 W 的偏微分）

$$\frac{\partial L}{\partial w_{ij}} = b_j \cdot \frac{\partial L}{\partial u_i} \tag{10.5.1}$$

$$\frac{\partial L}{\partial u_i} = yd_i \tag{10.5.2}$$

本章的结果（权重矩阵 V 的偏微分）

$$\frac{\partial L}{\partial v_{ij}} = x_j \cdot \frac{\partial L}{\partial a_i} \tag{10.5.3}$$

$$\frac{\partial L}{\partial a_i} = f'(a_i) \sum_{l=0}^{N-1} yd_l \cdot w_{li} \tag{10.5.4}$$

这样一来，我们定义相对于隐层节点 b 的"b 的误差 bd"

$$bd_i = \frac{\partial L}{\partial a_i} = f'(a_i) \sum_{l=0}^{N-1} yd_l \cdot w_{li} \tag{10.5.5}$$

这样定义的话，式（10.5.3）和式（10.5.4）就是

$$\frac{\partial L}{\partial v_{ij}} = x_j \cdot bd_i \tag{10.5.6}$$

$$\frac{\partial L}{\partial a_i} = bd_i \tag{10.5.7}$$

可看出，可以表现成式（10.5.1）、式（10.5.2）相同的形式。

深度学习里，这里定义的 $\boldsymbol{bd}$ 解释成"关于隐层的误差"。第 1 段权重矩阵 $\boldsymbol{V}$ 的偏微分（梯度）也可以用与第 2 段的权重矩阵 $\boldsymbol{W}$ 的偏微分（梯度）相同的算式计算，很是方便呢。

请看图 10-6。这里展示的是计算隐层误差 $\boldsymbol{bd}$ 的式（10.5.5）的模式。可看出，把预测值的误差 yd_l 乘上权重矩阵 w_{li} 再加起来，就可以计算误差了。

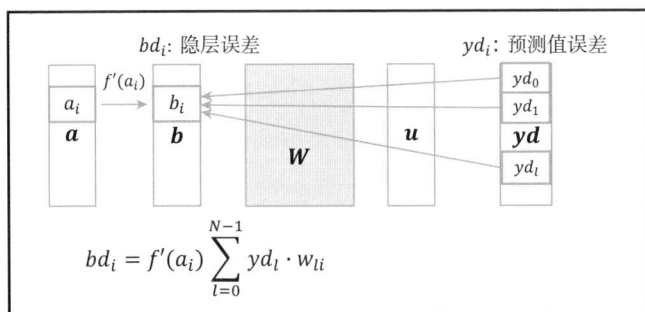

$$bd_i = f'(a_i) \sum_{l=0}^{N-1} yd_l \cdot w_{li}$$

图 10-6　隐层的误差计算

2 个隐层的训练

我们已经求得了 1 个隐层的神经网络的偏微分式（10.5.5）和（10.5.7），之后用梯度下降法的算法，尽力计算到此，我们也尝试计算 2 个隐层的偏微分吧。

请看图 10-7。这图展示的是 2 个隐层的神经网络。与之前介绍的 1 个隐层的模式比较，新增的是与输入层节点最近的一层和权重矩阵，记作 U_{ij}。这里，我们尝试计算新增部分的偏微分，依例，我们着眼于 $\boldsymbol{U}$ 的特定元素 u_{12}，开始计算偏微分。

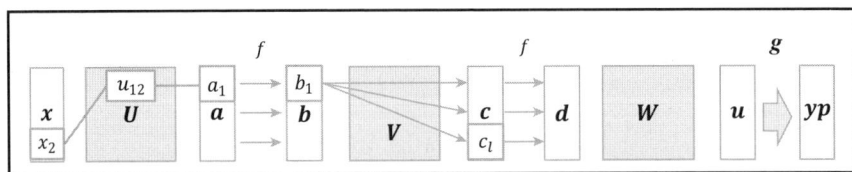

图 10-7　2 个隐层的神经网络

首先，使用复合函数的微分 2 次。

$$\frac{\partial L}{\partial u_{12}} = \frac{\partial L}{\partial b_1} \cdot \frac{\mathrm{d}b_1}{\mathrm{d}a_1} \cdot \frac{\partial a_1}{\partial u_{12}}$$

这个微分的结果前文复习过，我们就省略掉详细说明了[3]。

$$\frac{\partial L}{\partial b_1} = \sum_{l=1}^{H} \frac{\partial L}{\partial c_l} \frac{\partial c_l}{\partial b_1} = \sum_{l=1}^{H} dd_l \cdot v_{l1}$$

$$\frac{db_1}{da_1} = f'(a_1)$$

$$\frac{\partial a_1}{\partial u_{12}} = x_2$$

结果如下：

$$\frac{\partial L}{\partial u_{12}} = x_2 \cdot \frac{\partial L}{\partial a_1}$$

$$\frac{\partial L}{\partial a_1} = f'(a_1) \sum_{l=1}^{H} dd_l \cdot v_{l1}$$

对元素 u_{ij} 一般化得到下式

$$\frac{\partial L}{\partial u_{ij}} = x_j \cdot \frac{\partial L}{\partial a_i} \qquad (10.5.8)$$

$$\frac{\partial L}{\partial a_i} = f'(a_i) \sum_{l=1}^{H} dd_l \cdot v_{li} \qquad (10.5.9)$$

从这两个式子我们得知：

· ［根据式（10.5.8）］计算**第 1 段权重矩阵 u_{ij} 的偏微分**（梯度）时，隐层 **1** 的误差 $bd_i = \dfrac{\partial L}{\partial a_i}$

· 隐层 **1** 的误差 $bd_i = \dfrac{\partial L}{\partial a_i}$ 可以用隐层 **2** 的误差 dd_l 与第 **2** 段的权重矩阵 v_{li} 的值计算得到，［根据式（10.5.9）］因为构造相同，微分计算也可以用与之前相同的式子导出。

在本例中：

（1）误差的计算

1-a 输出值的误差向量 **yd**（来自预测向量 **yp** 与真实值向量 **yt**）

---

3. 这里用 H 表示隐层节点的个数。严格来说，隐层也存在常值变量，这个在实际编码时会考虑到，这里就忽略了。

1-b 隐层 2 的误差向量 *dd*（来自 *yd* 与权重矩阵 *W*）

1-c 隐层 1 的误差向量 *bd*（来自 *dd* 与权重矩阵 *V*）

（2）偏微分（梯度）的计算

2-a *W* 的梯度计算（来自 *yd* 与 *d*）

2-b *V* 的梯度计算（来自 *dd* 与 *b*）

2-c *U* 的梯度计算（来自 *bd* 与 *x*）

这些可以由图 10-7 的 3 个权重矩阵计算出全部的偏微分（梯度）。

总结计算流程如图 10-8 所示。

既然有这样的计算方法，无论隐层增加到几层，我们知道原则上各层的输入与权重矩阵的偏微分都可以计算。此乃深度学习里**训练的根本原理**。

接下来，作为一系列计算的关键点，与预测步是从输入层向输出层顺方向计算处理的过程（顺传播）相对，**训练步是输出层向输入层逆方向计算误差的过程**，这就是**误差逆传播**一名的由来。

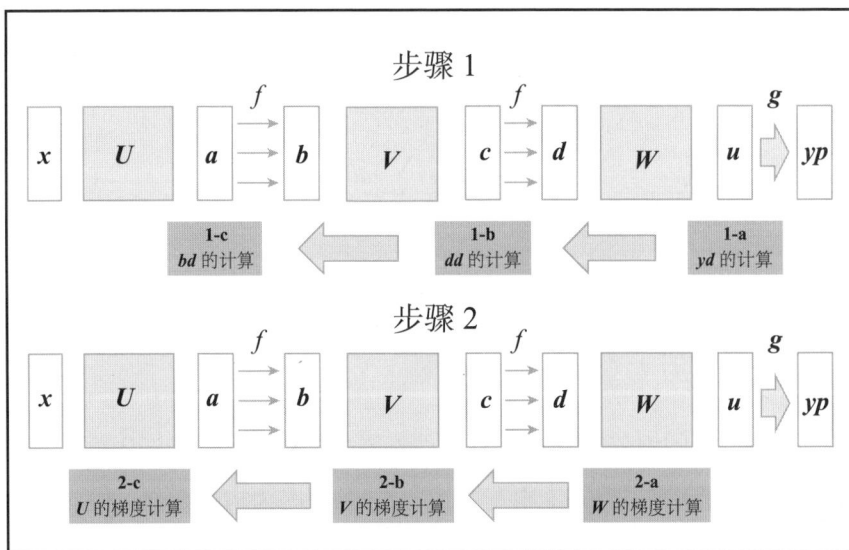

图 10-8　误差逆传播的计算流程

10.6　梯度下降法的应用

前节我们已经确定了损失函数对权重矩阵做偏微分的结果（梯度函数），所以我们像往常一样实践一下梯度下降法的算法。

如前例，我们先梳理一下角标和变量的含义。

【角标】

k：循环迭代的次数。

m：样本序号。

i, j, l：向量、矩阵的角标。

【变量】

M：样本总数。

N：类别数。

H：隐层节点数。

算法很复杂，我们分成"函数定义""预测值计算""误差计算""梯度计算"4部分。首先考虑 1 个隐层的情况。

函数定义

$$f(x) = \frac{1}{1 + \exp(-x)} \tag{10.6.1}$$

$$g_i(\boldsymbol{u}) = \frac{\exp(u_i)}{\sum_{j=0}^{N-1} \exp(u_j)} \tag{10.6.2}$$

预测值计算

$$\boldsymbol{a}^{(k)(m)} = \boldsymbol{V}^{(k)} \boldsymbol{x}^{(m)} \tag{10.6.3}$$

$$b_i^{(k)(m)} = f(a_i^{(k)(m)}) \tag{10.6.4}$$

$$\boldsymbol{u}^{(k)(m)} = \boldsymbol{W}^{(k)} \boldsymbol{b}^{(k)(m)} \tag{10.6.5}$$

$$\boldsymbol{yp}^{(k)(m)} = \boldsymbol{g}(\boldsymbol{u}^{(k)(m)}) \tag{10.6.6}$$

误差计算

$$\boldsymbol{yd}^{(k)(m)} = \boldsymbol{yp}^{(k)(m)} - \boldsymbol{yt}^{(m)} \tag{10.6.7}$$

$$bd_i^{(k)(m)} = f'(a_i^{(k)(m)}) \sum_{l=0}^{N-1} yd_l^{(k)(m)} w_{li}^{(k)} \tag{10.6.8}$$

梯度计算

$$w_{ij}^{(k+1)} = w_{ij}^{(k)} - \frac{\alpha}{M} \sum_{m=0}^{M-1} b_j^{(k)(m)} yd_i^{(k)(m)} \qquad (10.6.9)$$

$$v_{ij}^{(k+1)} = v_{ij}^{(k)} - \frac{\alpha}{M} \sum_{m=0}^{M-1} x_j^{(m)} bd_i^{(k)(m)} \qquad (10.6.10)$$

各个算式意义如下。

函数定义

式（10.6.1）：Sigmoid 函数的定义。

式（10.6.2）：Softmax 函数的定义。

预测值计算

式（10.6.3）：输入层节点与第 1 段权重矩阵的内积。

式（10.6.4）：内积的结果作用于 Sigmoid 函数，得到隐层节点的值。

式（10.6.5）：隐层节点与第 2 段权重矩阵的内积。

式（10.6.6）：内积的结果作用于 Softmax 函数，得到预测值。

误差计算

式（10.6.7）：预测值误差。

式（10.6.8）：从预测值误差计算隐层的误差。

梯度计算

式（10.6.9）：从预测值误差计算第 2 段权重矩阵的梯度。

式（10.6.10）：从隐层误差计算第 1 段权重矩阵的梯度。

2 个隐层时的梯度计算如下，变量增多了，如果不明白某个变量是什么意思，请参看前节的图 10-8（省略了 1 个隐层中也有的 Sigmoid 函数、Softmax 函数的定义）。

预测值计算

$$\boldsymbol{a}^{(k)(m)} = \boldsymbol{U}^{(k)} \boldsymbol{x}^{(m)} \qquad (10.6.11)$$

$$b_i^{(k)(m)} = f(a_i^{(k)(m)}) \qquad (10.6.12)$$

$$\boldsymbol{c}^{(k)(m)} = \boldsymbol{V}^{(k)} \boldsymbol{b}^{(k)(m)} \qquad (10.6.13)$$

$$d_i^{(k)(m)} = f(c_i^{(k)(m)}) \qquad (10.6.14)$$

$$\boldsymbol{u}^{(k)(m)} = \boldsymbol{W}^{(k)}\boldsymbol{d}^{(k)(m)} \qquad (10.6.15)$$

$$\boldsymbol{yp}^{(k)(m)} = \boldsymbol{g}(\boldsymbol{u}^{(k)(m)}) \qquad (10.6.16)$$

误差计算

$$\boldsymbol{yd}^{(k)(m)} = \boldsymbol{yp}^{(k)(m)} - \boldsymbol{yt}^{(m)} \qquad (10.6.17)$$

$$dd_i^{(k)(m)} = f'(c_i^{(k)(m)}) \sum_{l=0}^{N-1} yd_l^{(k)(m)} w_{li}^{(k)} \qquad (10.6.18)$$

$$bd_i^{(k)(m)} = f'(a_i^{(k)(m)}) \sum_{l=1}^{H} dd_l^{(k)(m)} v_{li}^{(k)} \qquad (10.6.19)$$

梯度计算

$$w_{ij}^{(k+1)} = w_{ij}^{(k)} - \frac{\alpha}{M} \sum_{m=0}^{M-1} d_j^{(k)(m)} yd_i^{(k)(m)} \qquad (10.6.20)$$

$$v_{ij}^{(k+1)} = v_{ij}^{(k)} - \frac{\alpha}{M} \sum_{m=0}^{M-1} b_j^{(k)(m)} dd_i^{(k)(m)} \qquad (10.6.21)$$

$$u_{ij}^{(k+1)} = u_{ij}^{(k)} - \frac{\alpha}{M} \sum_{m=0}^{M-1} x_j^{(m)} bd_i^{(k)(m)} \qquad (10.6.22)$$

各个算式的含义与前面 1 个隐层的情况差不多，所以此处省略了。感兴趣的读者可以自己思考，兼做复习。

10.7 编程实践（1）

终于开始编码挑战了。请务必一边在 Jupyter Notebook 上实际动手操作，一边跟进阅读。本章也是挑选代码中的要点来讲解。

数据内容的确认

请看图 10-9。这个是抽取了几个图像的程序和结果。看图可知，有些手写数字，人也难以分辨。

```
# 数据内容的确认

N = 20
np.random.seed(123)
indexes = np.random.choice(y_test.shape[0], N, replace=False)
x_selected = x_test[indexes,1:]
y_selected = y_test[indexes]
plt.figure(figsize=(10, 3))
for i in range(N):
    ax = plt.subplot(2, N/2, i + 1)
    plt.imshow(x_selected[i].reshape(28, 28),cmap='gray_r')
    ax.set_title('%d' %y_selected[i], fontsize=16)
    ax.get_xaxis().set_visible(False)
    ax.get_yaxis().set_visible(False)
plt.show()
```

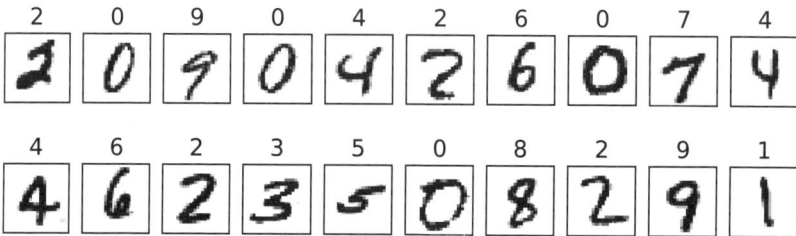

图 10-9　数据内容的确认

输入数据的加工

请看图 10-10。此程序是加工处理输入数据的实操。原来的输入值是 0 到 255 的整数值，但是我们不希望机器学习的输入数据那么大，就把所有项除以 255，把取值范围限制在 0 到 1 之间。之后，像往常一样追加常值函数。

```
# 输入数据的加工

# step1 数据正规化, 取值范围限制在 [0, 1]
x_norm = x_org / 255.0

# 追加常值函数 (1)
x_all = np.insert(x_norm, 0, 1, axis=1)
```

```
print('常值函数追加后 ', x_all.shape)
```

```
常值函数追加后 (70000，785)
```

图 10-10　输入数据的加工

minibatch 训练法

到前章的例题为止，样本个数大多不过几百，训练时用全部数据来
计算梯度。但是，这次的例题全体数据有几万个样本，这就不同了。这
时，我们从全体样本里随机取一些，灵活使用这些样本来训练的方法，
叫作 **minibatch 训练法**。详情请参照 4.5 节的专栏 [4]。scikit-learn 等模块
里没有现成的函数，minibatch 取的那些 index 对应的类别得单独取得。
因为本书不是专门解说 Python 语法的书，就省略掉这部分实践了，我们
来说明一下测试代码的使用方法。

图 10-11 就是 indexes 的测试代码。

```
# indexes 分类的测试

# 分类初始化
# 20: 全体的列数
# 5: 每次取得的样本数
indexes = Indexes(20, 5)

for i in range(6):
    # next_index 调用函数
    # 返回值 1: 样本的 numpy 形式列表
    # 返回值 2: 当前样本是否更新
    arr, flag = indexes.next_index()
    print(arr, flag)
```

```
[17  3  5 15  4] True
[ 2 14 11  8 12] False
[ 0  9 19 10  1] False
[16 18  7 13  6] False
[16  2 19  8 14] True
[ 1  4  7 18 10] False
```

图 10-11　样本分类的测试代码

4. 11.7 节也有说明。

分类初始化时

生成器有 2 个参数。第 1 个参数是样本个数，第 2 个是每次返回的样本数。本例中，我们实际指定：第 1 个参数 60000（测试样本量），第 2 个参数 512（minibatch 的大小）。

取得样本时

有 arr 和 flag 两个返回值。arr 是 NumPy 形式的样本列表，flag 是标识当前的样本是否更新的标志。我们使用后者的标志，来记录测试样本的精度等，以 **epoch** 为单位来控制处理。还有，所谓 epoch，是 minibatch 训练法迭代次数的单位，表示全体样本各自用了多少次。因为是深度学习里很常用的概念，所以趁此机会请好好记住吧。

初始化处理

图 10-12 是初始化处理的实操。我们解说一下以前没出现过的变量。

```
# 变量初始声明

# 隐层节点的个数
H = 128
H1 = H + 1
# M: 训练样本的个数
M  = x_train.shape[0]
# D: 输入数据的维度
D = x_train.shape[1]
# N: 类别数
N = y_train_one.shape[1]

# 循环迭代次数
nb_epoch = 100
# minibatch 的大小
batch_size = 512
B = batch_size
# 学习率
alpha = 0.01

# 权重矩阵的初始设定（全 1）
V = np.ones((D, H))
W = np.ones((H1, N))

# 记录评价结果（损失函数值和精度）
history1 = np.zeros((0, 3))

# minibatch 用函数初始化
indexes = Indexes(M, batch_size)
```

```
# 迭代计数器的初始化
epoch = 0
```

图 10-12　初始化处理

H、H1：

H 是隐层节点的个数。关于它没有特别的规则，这里就设定为 128。虽然之前没有说明过，但隐层也是必须有常值变量的。H1 定义为加上常值变量的个数。

V、W：

前章权重矩阵是 1 个，这里增为 V、W 两个。尺寸的话，第 1 段的 V 是（输入样本个数）×（隐层节点个数），第 2 段的 W 是（隐层节点个数）×（类别数）。关于隐层与常值变量的关系，本章开头的图 10-3 有正确示意，请参考。一看图就能明白为何权重矩阵 V 的维度是 H，权重矩阵 W 的维度是 H1。

然后，与前章一样，权重矩阵初始值设定为全 1。

我们用前面介绍过的 minibatch 处理一下取得样本 indexes 的类别，初始化：全样本数：M（=60000），1 次处理样本数：batch_size（=512）。

主程序

请看图 10-13。这是深度学习算法的主程序。

```
# 主程序
while epoch < nb_epoch:

    # 训练集的选择（minibatch 训练法）
    index, next_flag = indexes.next_index()
    x, yt = x_train[index], y_train_one[index]

    # 预测值的计算（顺传播）
    a = x @ V                          # 式（10.6.3）
    b = Sigmoid(a)                     # 式（10.6.4）
    b1 = np.insert(b, 0, 1, axis=1)    # 追加常值变量
    u = b1 @ W                         # 式（10.6.5）
    yp = Softmax(u)                    # 式（10.6.6）
    # 误差的计算
    yd = yp - yt                       # 式（10.6.7）
    bd = b * (1-b) * (yd @ W[1:].T)    # 式（10.6.8）
```

```
# 梯度计算
W = W - alpha * (b1.T @ yd) / B    # 式 (10.6.9)
V = V - alpha * (x.T @ bd) / B     # 式 (10.6.10)

# 记录日志
if next_flag: # 1epoch 结束后的处理
    score, loss = evaluate(
        x_test, y_test, y_test_one, V, W)
    history1 = np.vstack((history1,
        np.array([epoch, loss, score])))
    print("epoch = %d loss = %f score = %f"
        % (epoch, loss, score))
    epoch = epoch + 1
```

图 10-13　深度学习的主程序

程序的开头，用 minibatch 取得新样本，以此为基础设定训练用的变量 x 和 yt。

计算处理的前半叫作"**顺传播**"，是从输入变量得到预测值的处理过程。到前章为止，这个处理归总得到名为 pred 的函数，但是因为本章计算的中间值另有他用（误差计算中需要），所以变换成一步的形式。

基本上对应从式（10.6.3）到式（10.6.6），但有个例外，就是追加常值变量的处理。这一处理很复杂，所以在此略过，其实隐层里也需要常值变量，所以就追加上。

计算处理的后半部分是**误差计算**和**梯度计算**。式（10.6.8）的误差计算里，我们灵活运用 NumPy 的技巧，对多个向量一次性拿下，把原来的式（10.6.8）表达得更简洁。

关于式（10.6.8）的代码再补充 2 点。

首先，原来式子中 $f'(a)$ 的地方，现在是 Sigmoid 函数了，微分计算的结果是 $y'=y(1-y)$，所以换成 b*(1-b)。

其次，原来关联的式（10.6.8）中的以下部分统一写成代码"yd @ W[1:].T"，我们解释一下。

$$\sum_{l=0}^{N-1} yd_l^{(k)(m)} \cdot w_{li}^{(k)}$$

请看图 10-14。权重矩阵 W 里，用到常值变量，与误差计算没关系的部分用 W[1:] 来处理。矩阵 yd 与 yp 一样，都是（512×10）大小（512

是 batch size，10 是类别数）。另一方面，W[1:] 的大小是（128×10）。把这个矩阵转置一下就是（10×128），与 yd 做内积最终得到（512×128）的矩阵。这就是想要的隐层的误差矩阵。

关于梯度计算式（10.6.9）和式（10.6.10），与前章一样，用内积计算的方式，可以把权重矩阵的全部元素一口气都算出来。

那么，这样就准备好了。初始化处理的环节、主程序环节依次执行，我们确认一下结果，但是……

图 10-15 展示按以上步骤执行 100 个 epoch 时的学习曲线。完全看不到有什么进步。是算法有问题吗？

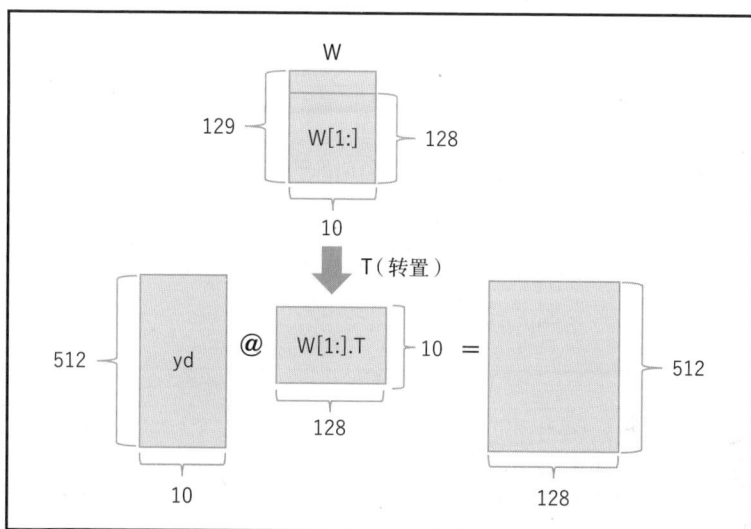

图 10-14　误差计算的细节

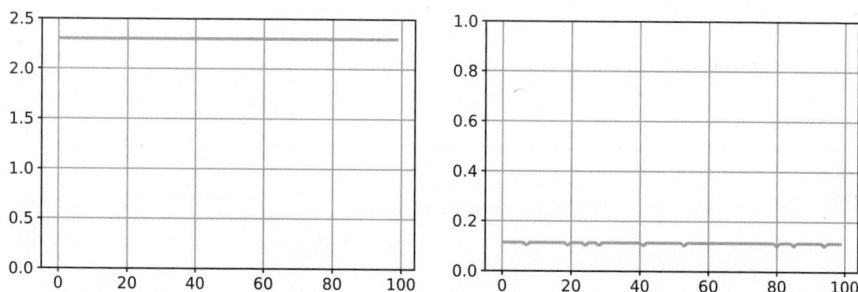

图 10-15　初期学习曲线（左：损失函数，右：精度）

10.8 编程实践（2）

权重矩阵初始化的技巧

前节的程序效果不好，我们来分析一下。这其实是权重矩阵初始值的问题。前章中输入变量的维度低时，几乎没有权重向量和权重矩阵的初始值问题。但是本章的实践中，输入数据有将近 1000 维之高，若不慎重设定初始值，就无法顺利收敛。

权重矩阵的初始值有很多种设定方法，这里介绍一种如下[5]：

· 权重矩阵的各元素取均值 0、标准差 1 的正态分布随机数[6]再除以一个定值

· 输入数据为 N 维时，上述定值取 $\sqrt{N/2}$

在之前的代码里，只把变量初始化的部分替换成上述方法，我们运行同一程序看看。

图 10-16 展示了一些样例，包括具体的修正代码、修正后的结果、权重矩阵的初始值变成了什么样。

```
# 权重矩阵初始化修改版
V = np.random.randn(D, H) / np.sqrt(D / 2)
W = np.random.randn(H1, N) / np.sqrt(H1 / 2)
print(V[:2,:5])
print(W[:2,:5])
```

```
[[-0.05229286 -0.02935043 -0.0324061   0.08459678 -0.01330022]
 [ 0.04837933  0.05604902  0.00603079  0.02695877 -0.04771542]]
[[ 0.06443947  0.06865789 -0.16537363 -0.02171562 -0.07497776]
 [ 0.12095254 -0.06122064 -0.14745054  0.07858529  0.21138271]]
```

图 10-16　权重矩阵初始化的修改版

实际尝试一下。图 10-17 展示了本次的结果的学习曲线和最终结果。

想不到之前的结果变成了如此漂亮的学习曲线。7.10 节的线性回归的实践介绍过学习率，机器学习、深度学习，是在如此微妙的平衡中运转着啊。但是，精度在执行 100 个 epoch 后才到 90%，说不上是好模型。

---

5. 11.8 节也会解说，这里称为 "He normal" 方法。
6. 关于正态分布函数，6.2 节介绍过。每个值发生的概率遵从正态分布的随机数叫作正态分布随机数。

有什么好办法吗？

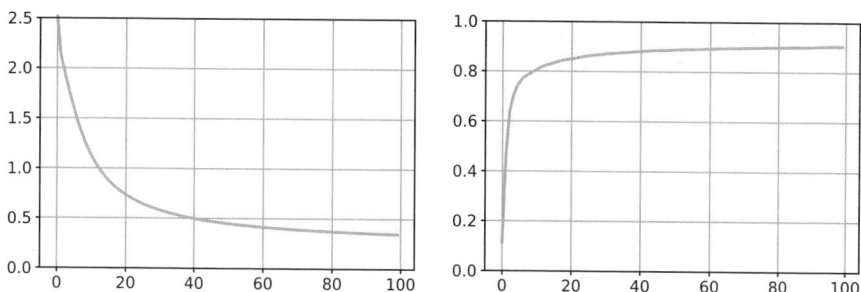

```
# 损失函数值与精度的确认
print(' 初始状态：损失函数 %f，精度 %f'
        % (history2[0,1], history2[0,2]))
print(' 最终状态：损失函数 %f，精度 %f'
        % (history2[-1,1], history2[-1,2]))
```

初始状态：损失函数 2.515432，精度 0.113600
最终状态：损失函数 0.347654，精度 0.904500

图 10-17　权重矩阵设定改进版的学习曲线（左上，损失函数；右上，精度；下，最终结果）

10.9　编程实践（3）

ReLU 函数的引入

对于前节的问题，有很多解答，我们介绍一个最简单的。这就是在计算输入数据与权重矩阵的内积之后，用来决定隐层节点值的函数（这个函数叫作激活函数），不用 Sigmoid 函数，而替换成 ReLU[7] 函数的方法。

ReLU 函数的定义式如下：

$$f(x) = \begin{cases} 0 & (x < 0) \\ x & (x \geq 0) \end{cases}$$

使用梯度下降法时，也需要计算激活函数的微分 $[f'(x)]$，ReLU 函数的微分是如下分段函数（叫作 step 函数）：

$$f'(x) = \begin{cases} 0 & (x < 0) \\ 1 & (x \geq 0) \end{cases}$$

图 10-18 展示如何用 Python 定义这 2 个函数。

7. 常称为 "ramp" 函数。

```
# ReLU 函数
def ReLU(x):
    return np.maximum(0, x)
```

```
# step 函数
def step(x):
    return 1.0 * ( x > 0)
```

图 10-18　ReLU 函数与 step 函数的定义

图 10-19 展示两个函数的图像。

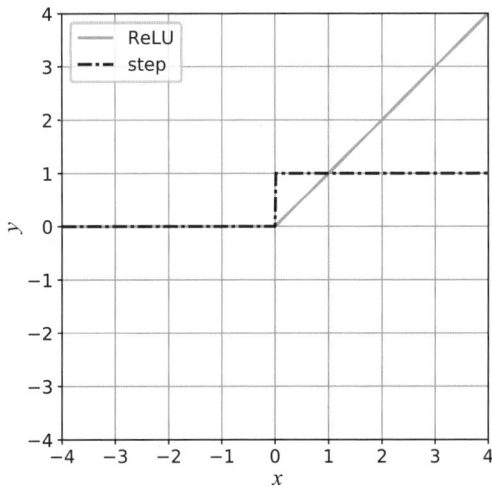

图 10-19　ReLU 函数与 step 函数的图像

　　图 10-20 展示代码变更部分。关于算法本质的部分有两处下划线地方的变更（后续部分在评价函数里也有一处修改）。

```
# 预测值的计算（顺传播）
a = x @ V                           # 式（10.6.3）
b = ReLU(a)                         # 式（10.6.4）ReLU 化
b1 = np.insert(b, 0, 1, axis=1)     # 追加常值变量
u = b1 @ W                          # 式（10.6.5）
yp = Softmax(u)                     # 式（10.6.6）

# 误差的计算
yd = yp - yt                        # 式（10.6.7）
bd = step(a) * (yd @ W[1:].T)       # 式（10.6.8）ReLU 化
```

```
# 梯度计算
W = W - alpha * (b1.T @ yd) / B    #式(10.6.9)
V = V - alpha * (x.T @ bd) / B     #式(10.6.10)
```

图 10-20   ReLU 化的修改代码

我们赶快实践看看吧。结果如图 10-21。与之前一样是迭代 100 次，精度由约 90% 提升到近 95%。可见，换个激活函数确实有效果。

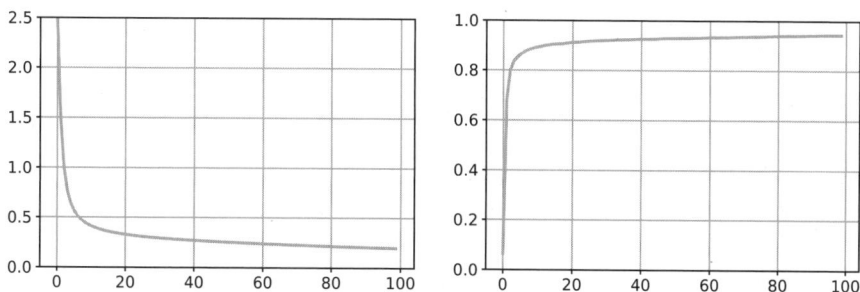

```
# 损失函数值与精度的确认
print('初始状态：损失函数%f，精度%f'
      % (history3[0,1], history3[0,2]))
print('最终状态：损失函数%f，精度%f'
      % (history3[-1,1], history3[-1,2]))
```

初始状态：损失函数 2.509378，精度 0.059600
最终状态：损失函数 0.199495，精度 0.944200

图 10-21   替换激活函数后的学习曲线（左上：损失函数，右上：精度，下：最终结果）

本节的最后，展示如此这般做出的模型对本章开头抽取的 20 个图像的分类结果，如图 10-22 所示。各图像上的文本里左边是真实值，右边是预测值。20 个中做对了 18 个，精度还不错。

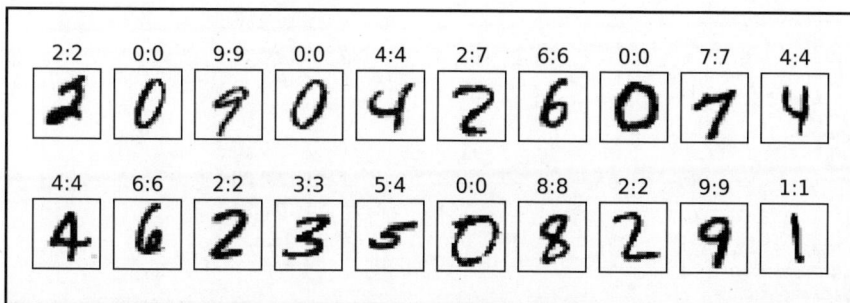

图 10-22   对抽样图像的精度验证结果

加入 2 个隐层

最后，我们在这次的模型里装 2 个隐层看看。

一般地，隐层在 2 个以上的神经网络模型叫作"深度学习模型"。在这个意义下，本节实践的模型就真正是深度学习模型了。

现在，一路走来的读者，已经可以毫无障碍地理解了。实际上，与 10.9 节的代码相比，本质意义上的变更只有图 10-23 的初始化声明部分（权重矩阵增加 1）与图 10-24 的主循环内的 2 处（严格来说，还有评价函数里的 1 处）。这些追加的内容，因为是 1 个隐层的模型的自然拓展，所以这里不再赘述。

```
# 权重矩阵的初始设定
U = np.random.rand(D, H) / np.sqrt(D / 2)
V = np.random.rand(H1, H) / np.sqrt(H1 / 2)
W = np.random.rand(H1, N) / np.sqrt(H1 / 2)
```

图 10-23　初始化声明的部分

```
# 预测值的计算（顺传播）
a = x @ U                              # 式（10.6.11）
b = ReLU(a)                            # 式（10.6.12）
b1 = np.insert(b, 0, 1, axis=1)        # 追加常值变量
c = b1 @ V                             # 式（10.6.13）
d = ReLU(c)                            # 式（10.6.14）
d1 = np.insert(d, 0, 1, axis=1)        # 追加常值变量
u = d1 @ W                             # 式（10.6.15）
yp = Softmax(u)                        # 式（10.6.16）

# 误差的计算
yd = yp - yt                           # 式（10.6.17）
dd = step(c) * (yd @ W[1:].T)          # 式（10.6.18）
bd = step(a) * (dd @ V[1:].T)          # 式（10.6.19）

# 梯度计算
W = W - alpha * (d1.T @ yd) / B        # 式（10.6.20）
V = V - alpha * (b1.T @ dd) / B        # 式（10.6.21）
U = U - alpha * (x.T @ bd) / B         # 式（10.6.22）
```

图 10-24　主程序处理

图 10-24 的代码里，预先追加了对应 10.6 节的算法的说明，请对比阅读。

图 10-25 展示此模型的测试结果。这里因为模型的自由度提高，意味着循环迭代的次数也要增加，nb_epoch 由 100 次增加到 200 次。

这个结果与前节的损失函数值 0.20、精度 94.4% 对比，损失函数值达到 0.10，精度达到 97.0%，结果得到改善。根据层数的增加，参数的自由度增加，更能拟合问题了，判别的精度也提高了。

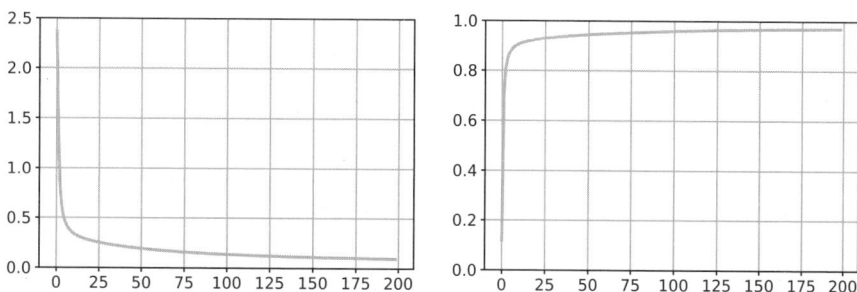

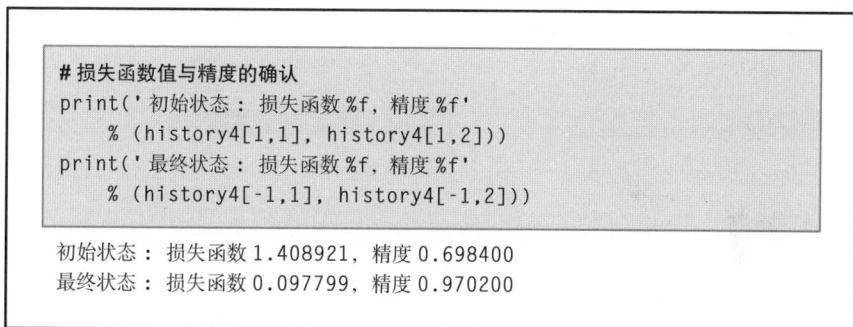

```
# 损失函数值与精度的确认
print('初始状态：损失函数 %f，精度 %f'
    % (history4[1,1], history4[1,2]))
print('最终状态：损失函数 %f，精度 %f'
    % (history4[-1,1], history4[-1,2]))
```

初始状态：损失函数 1.408921，精度 0.698400
最终状态：损失函数 0.097799，精度 0.970200

图 10-25　2 个隐层的测试结果

图 10-26 展示了对本章开头抽取的图像的分类结果。图 10-22 中误判的 2 个也都能正确辨认了。整体的精度确实提高了。

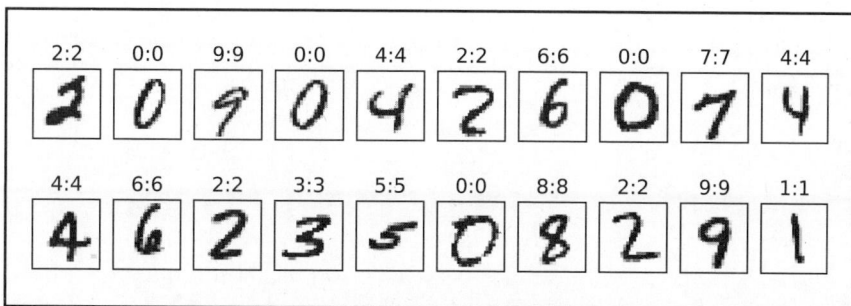

图 10-26　对抽样图像的精度验证结果

诸位辛苦啦。深度学习的漫长山路，我们已经登顶。山顶上风景如何？

登顶一望，立知山外有山。发展篇的第 11 章里，我们介绍一些必需的重要概念，为的是更上一层。请继续阅读，构思进一步的登山计划。

发展篇

第11章 面向实践的深度学习

第 11 章　面向实践的深度学习

　　至此，我们沿着"从数学角度理解深度学习"的思路，一步一步解说了关于深度学习的基础知识。

　　本章则以"更实用的深度学习"为宗旨，高屋建瓴地介绍一下哪些概念必须掌握。与之前相比，每个概念只概说大略。因为只介绍一定范围内的概念，如果想详细理解，请参考相关著作。

11.1　使用框架

　　本书的目的是"从数学角度理解深度学习"，所以关于学习规则的实践都是 scratch[1] 编码[2]。

　　这个方针有以"数学角度来理解"为目的的意思。另一方面，构造深度学习模型时，像前章那样编码太烦琐了。如今涌现出许多非常简便的深度学习框架，所以现实中我们使用这些框架来构建模型。表 11-1 用比较的方式总结了各个框架的特点。

表 11-1　代表性的深度学习框架

名称	优点	缺点
Keras	可以很简单地构建神经网络 性能优秀（就是 TensorFlow 的水平） 用户很多	完全不能得知处理过程的代码 原始处理用的是麻烦的计算图结构，构建之后无法改变
TensorFlow	可以使用 GPU 方便地高速计算 也可以进行低级处理 模块丰富 用户很多	必须熟练使用（计算图的思想） 构建计算图之后无法改变
Chainer	直观的计算图结构 面向对象，类可以简单地继承	执行起来有点难 频繁更新（应用的兼容性也有问题） 世界范围内用户少

---

1. 不使用模块，完全从 1 开始的开发方法叫作"scratch 开发"。
2. 虽然有几处使用了 scikit-learn 模块，却完全限制在取得训练数据、数据预处理、精度评价等周边性能的功能上。

续表

名称	长处	短处
Caffe	可以使用 GPU 用户交流活跃 图像处理模块多	定制很难 环境结构相对麻烦 今后有可能不再使用

其中，我们认为现在最广泛使用的框架是 Keras。那么，10.10 节实践的 2 个隐层的全连接深度学习，相同逻辑的 Keras 示例如图 11-1 到图 11-3[3]。

特别地，图 11-2 可以简洁表达模型的定义，请注意一下。

```
# 数据准备

# 变量定义

# D: 输入层节点数
D = 784

# H: 隐层节点数
H = 128

# 类别数
num_classes = 10

# 用 Keras 的函数读入数据
from keras.datasets import mnist
(x_train_org, y_train), (x_test_org, y_test) ¥
 = mnist.load_data()

# 输入数据加工（变成 1 维）
x_train = x_train_org.reshape(-1, D) / 255.0
x_test = x_test_org.reshape((-1, D)) / 255.0

# 真实值加工（变成独热向量）
from keras.utils import np_utils
y_train_ohe =¥
 np_utils.to_categorical(y_train, num_classes)
y_test_ohe =¥
 np_utils.to_categorical(y_test, num_classes)
```

图 11-1　使用 Keras 的深度学习程序，数据准备部分

---

3. 图 11-1 到图 11-3 的使用 Jupyter Notebook 的示例应用里，必须先载入 Keras。载入步骤超过了本书的范围，请参考网上的教程。

```
# 模型的定义

# 载入必要的模块
from keras.models import Sequential
from keras.layers import Dense

# 定义 Sequential 模型
model = Sequential()

# 隐层 1 的定义
model.add(Dense(H, activation='relu', input_shape=(D,)))

# 隐层 2 的定义
model.add(Dense(H, activation='relu'))

# 输出层
model.add(Dense(num_classes, activation='Softmax'))

# 模型的整理
model.compile(loss = 'categorical_crossentropy',
              optimizer = 'sgd',
              metrics=['accuracy'])
```

图 11-2 使用 Keras 的深度学习程序，模型定义部分

图 11-3 是随训练代码展示训练图示。显示 1 个 epoch 的处理时间、损失函数值、精度等信息，可以实时了解训练的真实进展。这也是框架的附属功能之一。

```
# 训练

# 训练的单位
batch_size = 512

# 循环迭代次数
nb_epoch = 100

# 模型的学习
history = model.fit(
    x_train,
    y_train_ohe,
    batch_size = batch_size,
    epochs = nb_epoch,
    verbose = 1,
    validation_data = (x_test, y_test_ohe))
```

```
Train on 60000 samples, validate on 10000 samples
Epoch 1/100
60000/60000 [==============================] - 3s
43us/step - loss: 0.1266 - acc: 0.9646 - val_loss: 0.1333 -
val_acc: 0.9588
Epoch 2/100
60000/60000 [==============================] - 3s
47us/step - loss: 0.1259 - acc: 0.9647 - val_loss: 0.1323 -
val_acc: 0.9593
Epoch 3/100
60000/60000 [==============================] - 3s
42us/step - loss: 0.1251 - acc: 0.9649 - val_loss: 0.1316 -
val_acc: 0.9594
```

图 11-3　使用 Keras 的深度学习程序，训练部分与训练时的图示

11.2　CNN

2012 年名为 **ILSVRC**[4] 的图像识别大赛，深度学习模型以精度力压群雄，标志着深度学习已经得到极大发展。当时使用的神经网络结构是 **CNN**（Convolutional Neural Network，卷积神经网络）。图 11-4 是当时发表的论文 **AlexNet** 的网络图。

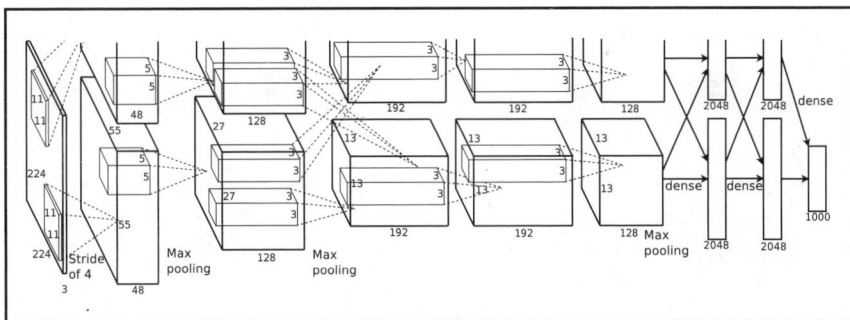

图 11-4　AlexNet 的网络结构图

图 11-5 展示 CNN 的典型神经网络结构。

CNN 的特征是**卷积层**（Convolution Layer）和**池化层**（Pooling Layer）。我们对此简单介绍一下。

---

4. ImageNet Large Scale Visual Recognition Challenge 的缩写。2010 年开始，是用公开数据集定量评测图像识别、图像分类技术的比赛。

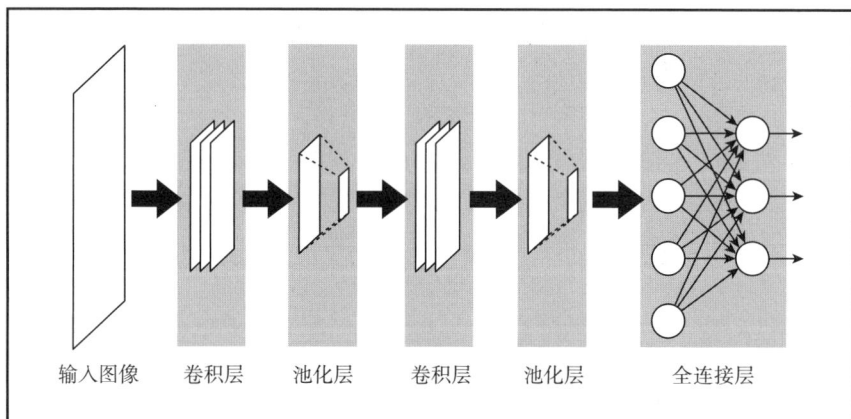

图 11-5　典型的 CNN 结构

卷积层

图 11-6 模式化地展示了卷积层的处理。

首先准备 3×3 或 5×5 之类的小正方形窗口。把原来的图像用 3×3 的方块截取，与小正方形窗口做内积，计算结果作为输出。滑动截取的方块，可以得到新的输出图像（图 11-6 右）。

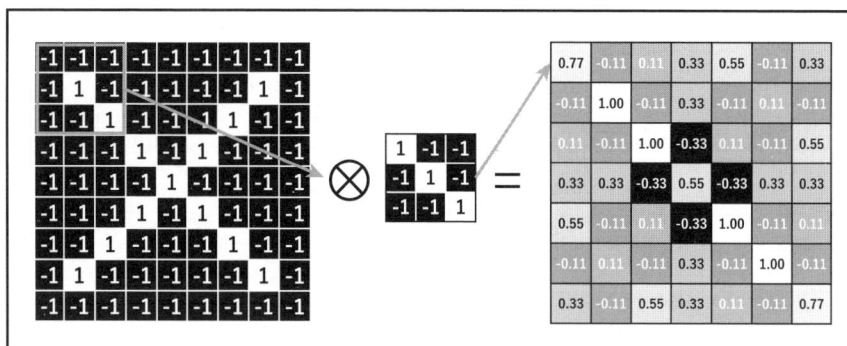

图 11-6　卷积层的处理概要

小正方形窗口相当于神经网络的权重矩阵，矩阵的值作为参数值，是训练的对象。实际上，正方形窗口通常使用 32 个或 64 个等，卷积处理的结果也是这么多个。所以图 11-5 里卷积层有多个图像。

池化层

图 11-7 展示了池化处理最常用的最大池化（"Max Pooling"）。

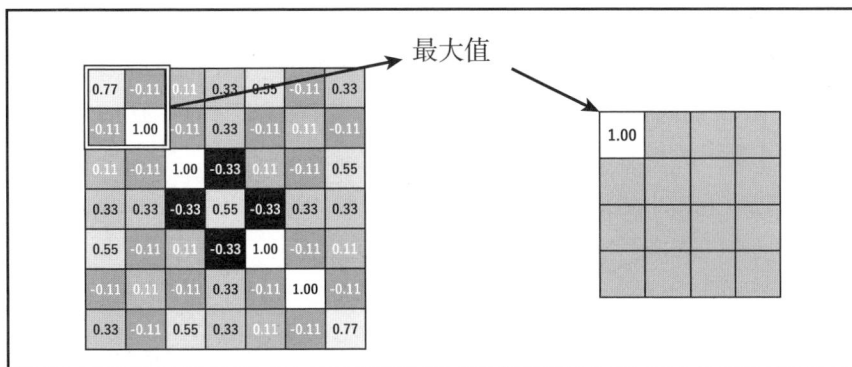

图 11-7　最大池化的处理概要

　　用 2×2 之类的小正方形来截取图像，输出这个范围内的最大值。正方形窗口滑动起来，就输出新的（像素数量减半）图像。

　　CNN 就是由 "**卷积层**" 和 "**池化层**" 的组合叠加构成的[5]。我们知道这样可以高精度地进行图像分类。

11.3　RNN 与 LSTM

RNN

　　CNN 产出了跨时代的图像分类结果，但是它有一个缺点。它擅长的是图像类的静态数据的分类，而不能处理时间序列。与此对应的思路是 RNN（Recurrent Neural Network，递归神经网络）。

　　请看图 11-8 左侧，RNN 是从输入层向隐层的网络中自己连续循环的样子。x 的输入是随时间变化的，沿时间轴展开的网络就是图 11-8 右侧。如此这般，就构成了与时间序列数据对应的神经网络。

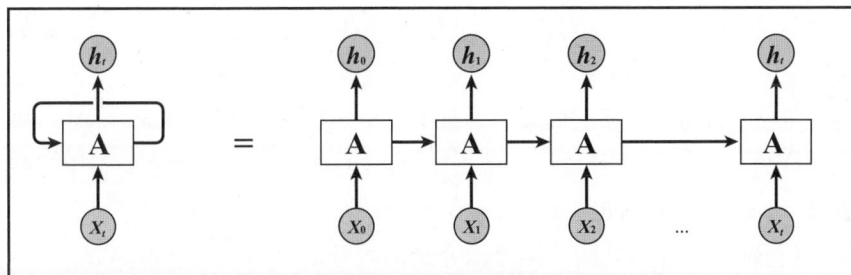

图 11-8　RNN 的网络图

　　RNN 主要用于机器翻译、语音识别、文章生成等领域。

---

5. 更确切地说，把卷积层后接激活函数（ReLU 函数）叫作标准模式。

LSTM

虽说通过 RNN 就能构建时间序列数据的深度学习，但还有一个问题。那就是 RNN 没法保持长期记忆。为了使模型不发散，循环的权重必须是绝对值小于 1 的，但这样一来信号就会在循环中衰减，于是问题来了。

与之对应的思路是图 11-9 所示 LSTM（Long Short-Term Memory，长短期记忆神经网络）。宏观上看，LSTM 的结构与 RNN 相同，但是内部构造相当复杂。这种复杂的结构下，长期记忆和短期记忆都可以保持。

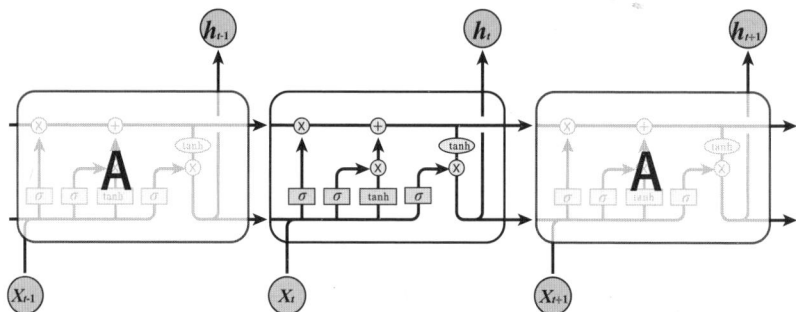

图 11-9　LSTM 的网络图

LSTM 的用途与 RNN 大体相同，主要用于机器翻译、语音识别、文章生成等。还有，11.1 节介绍的 Keras 框架预先提供了 LSTM 组件，用户不用了解内部复杂的结构，可以把 LSTM 作为黑箱来使用。

11.4　数值微分

深度学习的训练原来是梯度下降法。而梯度下降法的根本原理是微分计算。为此，本书在理论篇里使用各式各样的微分公式，进行了诸如 Sigmoid 函数、Softmax 函数和交叉熵函数等的微分计算。

那么，Keras 这样的框架怎样计算微分呢？与 Mathematica 一样，虽然存在公式级别的微分计算系统[6]，但通常的深度学习用的框架不用那些方法，而用数值微分的方法。

请看图 11-10。此图对第 2 章介绍的微分定义图略加修正。

---

6. 称为符号处理系统。

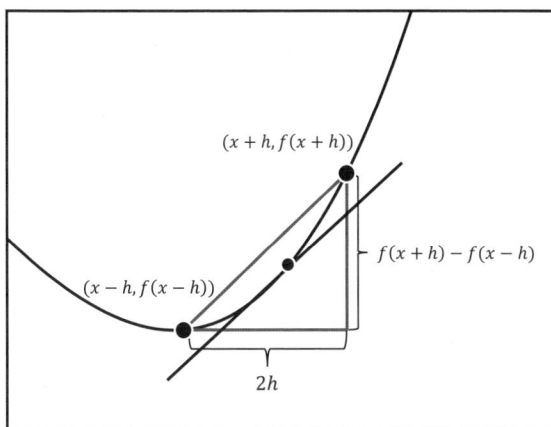

图 11-10　数值微分的原理

$$\lim_{h \to 0} \frac{f(x + h) - f(x - h)}{2h} \qquad (11.4.1)^{[7]}$$

　　式（11.4.1）里 h 的值无限接近 0，此值就无限接近 $f'(x)$，即使是有限的值，如果取较小的 h，就能得到近似的微分值。我们用 Python 尝试一下。

　　图 11-11 的结果一目了然，实践中近似值这么取确实没问题。

```python
import numpy as np

# 定义以自然常数为底的指数函数
def f(x):
    return np.exp(x)

# 定义 h 小量
h = 0.001

# f'(0) 的近似计算
# f'(0) = f(0) = 1 的近似
diff = (f(0 + h) - f(0 - h))/(2 * h)

# 结果的确认
print(diff)
```

1.0000001666666813

图 11-11　数值微分的计算

---

7. 见第 2 章的原来的微分定义式，在数值计算时，此式与之非常相近。直观上，图 11-10 的直线的斜率与切线的斜率非常接近。

如此这般求得函数微分的近似值的方法叫作"**数值微分**"。一看图 11-2 的 Keras 的编码即可知，构建模型时 compile 函数指定了损失函数（loss）为参数。在 Keras 中，以损失函数为出发点，对数值微分做误差逆传播，取得所需微分的近似。

11.5　高级训练法

深度学习的原理是第 4 章学过的梯度下降法。但是，实际应用时如使用原版的梯度下降法，结果有时不收敛，即使收敛也耗时良多。为此，我们考虑和实践其他各式各样的训练法。我们介绍几种常用的代表性算法。

从这开始，我们追加一些算式的记号以介绍算法。

首先损失函数用 L，L 是权重矩阵 W 的函数。

$$L = L(w_{ij})$$

用 u_{ij} 表示 L 对 w_{ij} 做偏微分。

$$u_{ij} = \frac{\partial L}{\partial w_{ij}}$$

结果可以记成矩阵 U，表示如下：

$$U = \nabla L$$

倒三角符号读做"纳不拉（nabla）"。用这个符号，之前介绍的梯度下降法的算式可以表达如下：

$$W^{(k+1)} = W^{(k)} - \alpha \nabla L$$

Momentum

第 4 章介绍的梯度下降法里，关于下一步移动的向量有两个关键点"向哪移"、"移多少"。

梯度下降法里方向虽然可以用损失函数的偏微分本身，但向量的计算方法自有玄机——"使用以前算出的梯度循环迭代"，这是 Momentum 的基本思想。具体计算权重矩阵如下。另外，学习率用 α，衰减率（learning rate decay）用 γ 表示。

$$V^{(k+1)} = \gamma V^{(k)} - \alpha \nabla L$$

$$W^{(k+1)} = W^{(k)} + V^{(k+1)}$$

衰减率通常取值 0.9。权重矩阵不是直接计算的，预设一个 **Momentum 矩阵** V。例如前一个偏微分的结果是 0.9，向前第二个偏微分是 $0.9 \times 0.9 = 0.81$，这个 V 受早先的影响越来越小，但一直都有。把这些都加起来，就计算出新的权重矩阵。

RMSProp

Momentum 在移动向量的"方向"上下功夫，RMSProp 的目标是优化移动向量的另一个元素——**"大小"**。具体算法的式子如下。逐一来看太麻烦，我们可以从最后的式子得知此算法**移动向量的"大小"**。

$$h_{ij}^{(k+1)} = \alpha \cdot h_{ij}^{(k)} + (1 - \alpha) \left(\frac{\partial L}{\partial w_{ij}} \right)^2$$

$$\eta_{ij}^{(k+1)} = \frac{\eta_0}{\sqrt{h_{ij}^{(k+1)} + \epsilon}}$$

$$w_{ij}^{(k+1)} = w_{ij}^{(k)} - \eta_{ij}^{(k+1)} \frac{\partial L}{\partial w_{ij}}$$

Adam

详细的说明在此略过。它汲取了 Momentum 在向量"方向"上的工夫和 RMSProp 在向量"大小"上的玄机。在最近的深度学习模型中，经常是标配。

使用 Keras 时，选择最优化函数，可以使 compile 函数的参数 optimizer 变得简单。利用这个，在 11.1 节介绍过的抽样应用中，各训练方法训练效率的差异如图 11-12 所示。我们得知，Momentum、RMSProp 都比原来的梯度下降法即概率的梯度下降法（SGD）训练效率高。

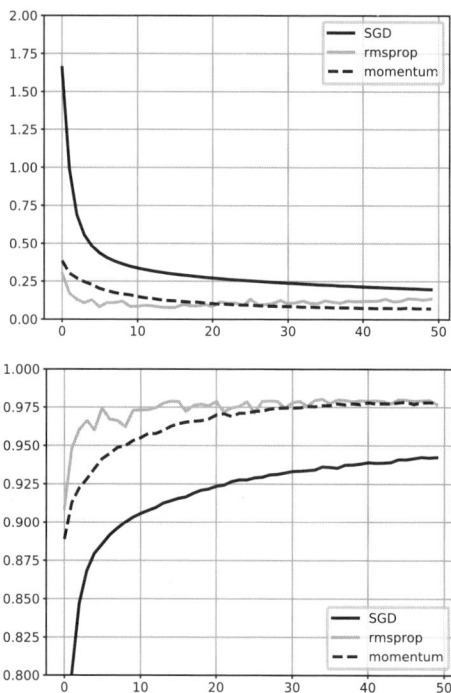

图 11-12 多个训练方法训练效率的比较（上，损失函数；下，精度）

11.6 避免过拟合

深度学习里，如果投入了大量训练集，一般来说比通常的机器学习的精度要高，但是还有个大问题。这就是所谓的**过拟合**问题。

请看图 11-13。横轴是学习的循环迭代次数，纵轴是模型的损失函数值，根据训练集（Train）、测试集（Test，训练中没用过的）各自对应的损失函数值推移，画出学习曲线。对应训练集的损失函数值不断下降，与此相对，我们看到对应测试集的损失函数值又上升了。

循环使用特定的训练集，寻找对于这些数据的损失函数值小的参数值，是机器学习、深度学习的原理。但是，物极必反，对于训练中没用到的数据，表现就糟糕了。对于这个问题，最简明易懂的解决策略是先把数据分成"训练集"和"测试集"，当测试集的精度降下来（或者不再上升了）就停止训练。这种方法在实践篇的实践中也用过好几次。

本节介绍此方法以外的几种防止过拟合的算法。

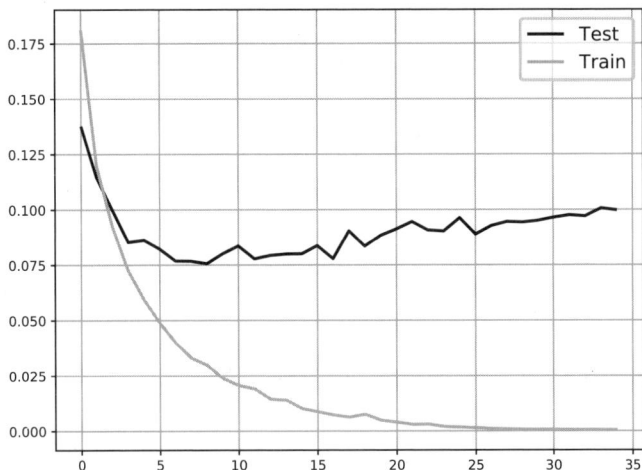
图 11-13　对应训练集和测试集的学习曲线

dropout

请看图 11-14。这是使用 dropout 的训练概念图。

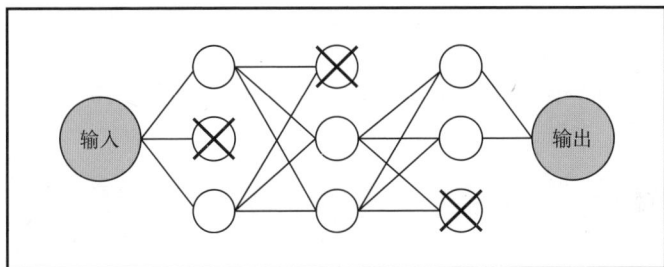
图 11-14　dropout 的概念图

使用 dropout 训练按以下形式走。

（1）定义神经网络时，层与层之间追加 dropout 层。dropout 层里预先设定 dropout 比例。

（2）训练时根据预先指定的比例随机选取 dropout 节点，好比关上了通道的入口。在此状态下训练，结果如图 11-14，是去除了对应 dropout 那部分节点的训练。

（3）下次学习时，根据新的随机数选取其他 dropout 的节点。此后的训练也是一样。

（4）训练结束，做预测时，不再使用 dropout，全部节点都参与预测。

训练时交替参加训练的节点，也不用全都使用 dropout，结果就能防止过拟合。Keras 里预先准备了 dropout 组件，节点之间配置上这个组件就能使用 dropout。

正则化

所谓过拟合，是模型过于适合训练集了，到了没法泛化的状态。

请看图 11-15。此图的粗黑线是训练集（黑点）用多项式近似模型的曲线。为了强行通过训练集的点，在别处看起来很不自然。这就是这种过拟合模型的特点：权重矩阵、权重向量的系数的绝对值都很大。

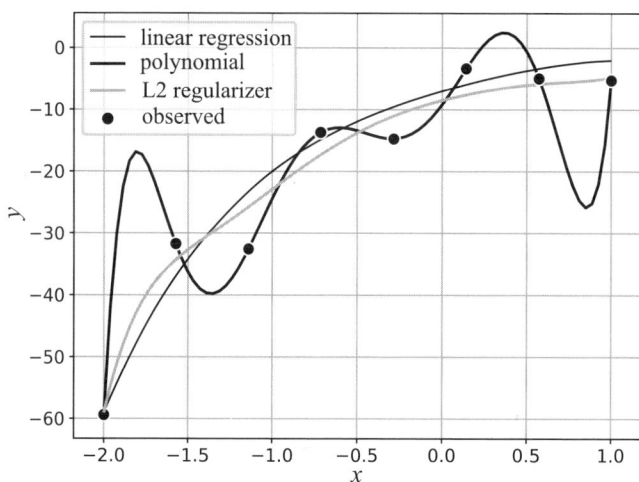

图 11-15　过拟合曲线与加了 L2 正则化的曲线

那么，做机器学习时，对原来的损失函数追加上权重矩阵、权重向量的系数等比例的项（叫作惩罚项），构成新的损失函数，考虑它的最优化。这就是名为**正则化**（regularization）的方法。

作为惩罚项，有种方法是加上各元素的平方（叫作 **L2 模**），有种方法是加上绝对值（叫作 **L1 模**）。图 11-15 的灰色曲线是损失函数追加了 L2 模的模型的训练结果。我们觉得比原来的粗黑曲线要自然。

虽然这里我们举的是传统机器学习模型（回归模型）的例子，但深度学习也能通用。用 Keras 定义权重矩阵时，可以用 kernel_ regularizer 选项来做正则化。

Batch Normalization

使用 minibatch 训练法，以输入数据为对象，有名为归一化

（normalization）的预处理方法。归一化以原来数据分布遵从正态分布为前提，目的是把样本变成均值 0、标准差 1 的统计解析手法，预处理的写法如下：

M：样本个数。

$x^{(m)}$：第 m 个样本的值。

均值 μ 的计算

$$\mu = \frac{1}{M} \sum_{m=1}^{M} x^{(m)}$$

标准差 σ 的计算

$$\sigma^2 = \frac{1}{M} \sum_{m=1}^{M} (x^{(m)} - \mu)^2$$

样本的正态化

$$\hat{x}^{(m)} = \frac{x^{(m)} - \mu}{\sqrt{\sigma^2 + \varepsilon}}$$

（ε 是分母非 0 的正小量）

输入时添加这样的变换，计算误差逆传播时也需要追加计算，那个算式我们就省略了。

Batch Normalization 对防止过拟合有效果，除此之外也能比其他训练方法更快得到结果。用 Keras 处理，追加名为 "Batch Normalization" 的组件即可。

11.7 学习的单位

4.5 节的专栏和 10.7 节，我们讨论过已经准备好的训练数据以怎样的单位做梯度下降法的话题。这个话题对训练很重要，我们整理一下各种改进版的特点。

batch 训练

N 个（第 10 章例题是 6 万个）训练数据时，考虑全部 N 个的损失函数之和，把它推向最小化的训练方法。处理花费时间最多，误差逆传播稍微算几步就能收敛，却有陷于局部最优解的风险[8]。

SGD（随机梯度下降法）

从 N 个训练样本随机选取 1 个，基于这个样本推向损失函数最小化。不会落入局部最优解，很可能发现全局最优解，但是结果不稳定，花费大量计算成本，不常用。

minibatch 训练

batch 训练与 SGD 的折中方案。从 N 个训练样本中随机选取 m 个（通常是 2 的幂）样本，把这 m 个样本的损失函数推向最小化。优势劣势均在二者之间。

说明一下与本书实践的关联，从第 7 章到第 9 章，实践的样本量少，就用 batch 训练法。而前章的训练集多达 6 万个，就使用每回取出 512 个的 minibatch 训练法。

Keras 里，训练的 fit 函数有名为 batch_size 的参数，默认是 minibatch 训练法。如有必要，可以用这个参数指定训练样本的个数，指定 1 个就是 online 训练了。

11.8 矩阵的初始化

10.8 节的实践中，我们介绍过，权重矩阵很大时，用梯度下降法时权重矩阵的初始值很重要。我们对于这点再多一些研究。Keras 里有对此特别有用的好几个算法，用 kernel_initializer 参数指定一下就可以了。我们介绍其中几个代表。

He normal：

就是 10.8 节的实践中使用的方法。据说此方法适用于激活函数使用 ReLU 函数时。

输入层节点有 N 个，初始化成有均值 0、标准偏差 σ 的随机数，其中

$$\sigma = \sqrt{\frac{2}{N}}$$

---

8. 我们在 4.5 节的专栏介绍过局部最优解。

使用 Keras 就是

```
kernel_initializer = 'he_normal'
```

这样指定即可。

Glorot Uniform：

Keras 默认的初始化方式，不指定其他方式时，就用这个来初始化。
输入权重矩阵 N_1 维，输出 N_2 维时

$$\text{limit} = \sqrt{\frac{6}{N_1 + N_2}}$$

以上述计算为基础，初始化为区间［–limit, limit］里均匀分布的随机数。
使用 Keras 就是

```
kernel_initializer='glorot_uniform'
```

这样指定即可。

11.9 更上一层楼

深度学习的世界日新月异。受篇幅所限，本章还有以下概念、方法没有介绍。

图像处理方法：目标检测、语义分割等。

学习方法：迁移学习、Teacher-Student 模型、GAN（Generative Adversarial Network，生成式对抗网络）等。

1.2 节只言片语介绍过的强化学习，由于模型结构非常高端，本书就没有涉及。强化学习的世界也有吸取深度学习思想的 DQN（Deep Q-Network），在围棋、机器人制造领域成果惊人，众所周知。

这些最先进的技术，也是将本书学到的梯度下降法作为最基本的训练方法。能够通过本书理解深度学习原理的读者，自然而然可以轻易理解最新技术的概念和方式。请更进一步，更上一层楼吧。

附录 Jupyter Notebook 的安装方法

Jupyter Notebook 是以记事本的形式构成的工具，运行程序时记录结果，同时进行数据分析作业，可以绘图，也可以用名为 Markdown 的简单文本格式表达公式，是适用于本书这类深度学习的最佳环境。

本书各章展示的程序不全是 Python 代码，而是以 Jupyter Notebook 形式提供的。

Jupyter Notebook 可以在 Windows 系统和 macOS 的计算机上运行，也可以在 IBM 公司提供的云服务器 Watson Studio 上运行。

本附录介绍在 Windows 系统和 macOS 计算机上安装 Jupyter Notebook 的步骤。我已经把本书的全部 Notebook 文件在上述两个平台的执行都确认过了。

关于 Watson Studio，请参考网络上的载入步骤。

Python 定期进行版本更新。因此适合旧版的 Notebook 程序可能在新版环境中运行不了。

A.1　在 Windows 环境中安装 Jupyter Notebook

访问 Anaconda 官方网站，单击"Download"按钮，如图 A-1 所示。

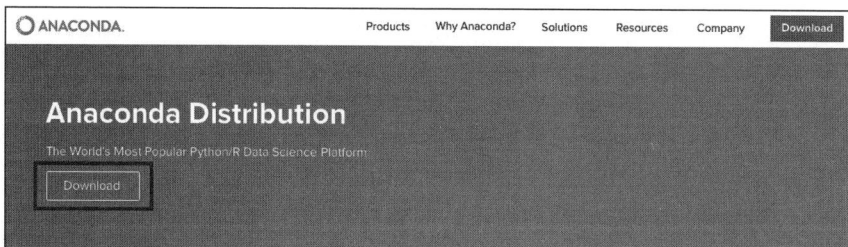

图 A-1　Anaconda 官方网站

在页面上部选 Windows 平台，单击 Python 3.7 version 的"Download"按钮，如图 A-2 所示。

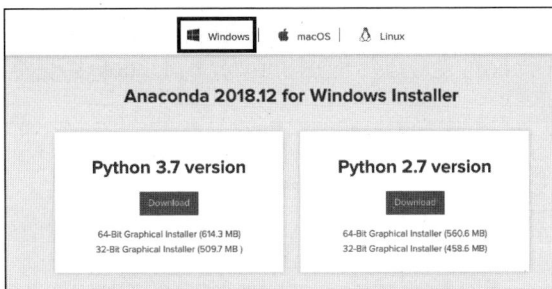

图 A-2　下载 Python3.7 Windows 版本

下载后，进入安装界面，如图 A-3 所示。选择默认的 "Just Me" 单选按钮，单击 "Next" 按钮。

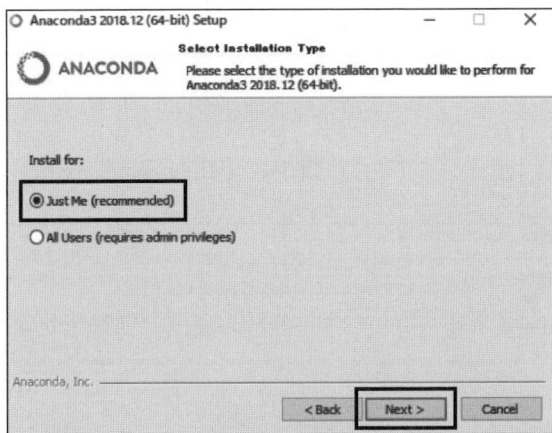

图 A-3　安装界面

在图 A-4 所示界面中，也选默认的状态，单击 "Next" 按钮。

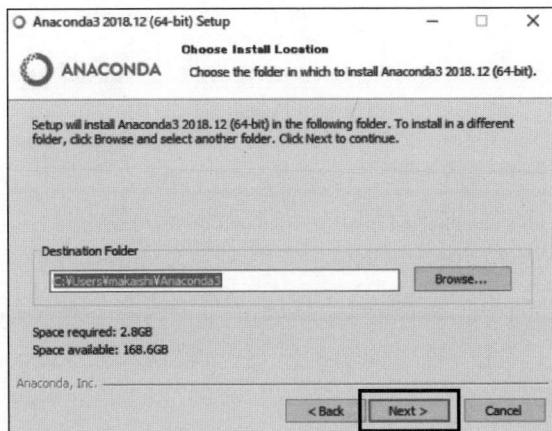

图 A-4　安装界面

附
录

在图 A-5 所示界面中，把默认不选的复选框勾选上。若出现红色警告，不用在意。若不选，以后使用 Jupyter Notebook 会有不便。

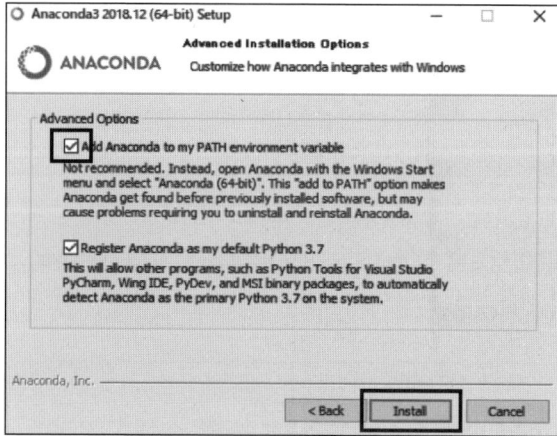

图 A-5　安装界面

载入结束，在图 A-6 所示界面中，单击"Skip"按钮。

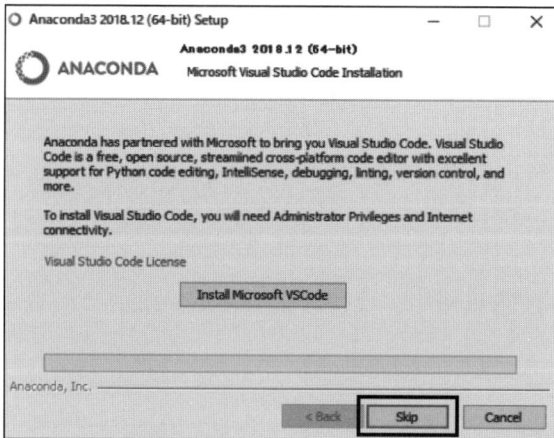

图 A-6　安装界面

图 A-7 是安装完成后的开始菜单。Anaconda3 下有个"Jupyter Notebook"应用，选它就可以启动 Jupyter Notebook 了。

图 A-8 所示的应用选择界面里，选 Microsoft Edge 等常用浏览器。

图 A-9 是 Jupyter Notebook 的初始界面。文件是树形结构表示的，指定文件夹，选择扩展名为 ipynb 的文件，就读入了 Notebook 文件。

图 A-7　安装完成后的开始菜单

图 A-8　应用选择界面

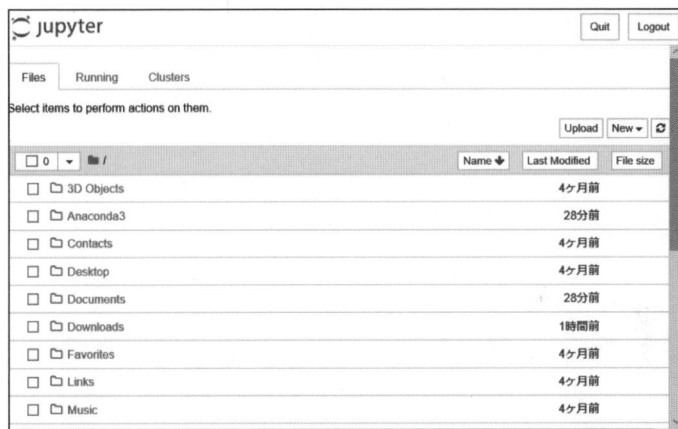

图 A-9　Jupyter Notebook 的初始界面

　　关于 Jupyter Notebook 的操作细节，请参考其他资料。基本的操作是选中要执行的方框（叫作单元）并按 Shift + Enter 快捷键，然后单击工具栏的 "Run" 图标，就执行这个单元的程序，选中的单元前进一格。反复按 Shift + Enter 快捷键，Notebook 上的单元就都执行了。

如图 A-10 所示，在 Anaconda 官方网站，单击"Download"按钮。

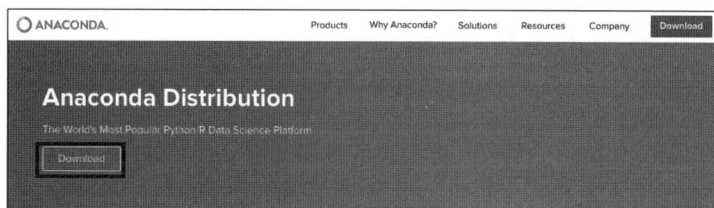

图 A-10　Anaconda 官方网站

在界面上部选 macOS 平台，单击 Python 3.7 version 的"Download"按钮下载，如图 A-11 所示。

随后出现图 A-12 所示的是安装界面。请先导入全部文件。

在图 A-13 所示的安装结束界面里，因为不需要 Microsoft VSCode，以下就直接单击"继续"。

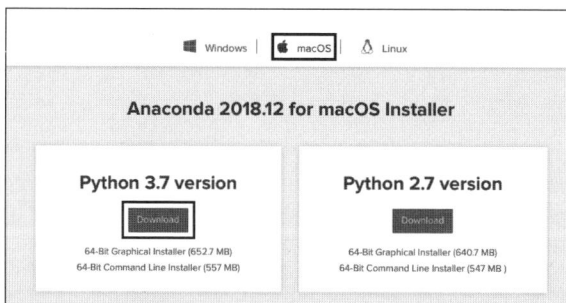

图 A-11　下载 Python3.7 macOS 版本

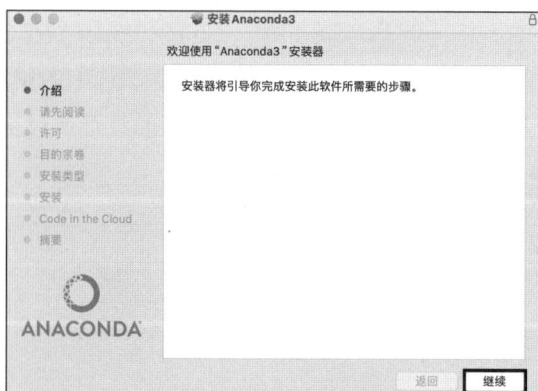

图 A-12　安装界面

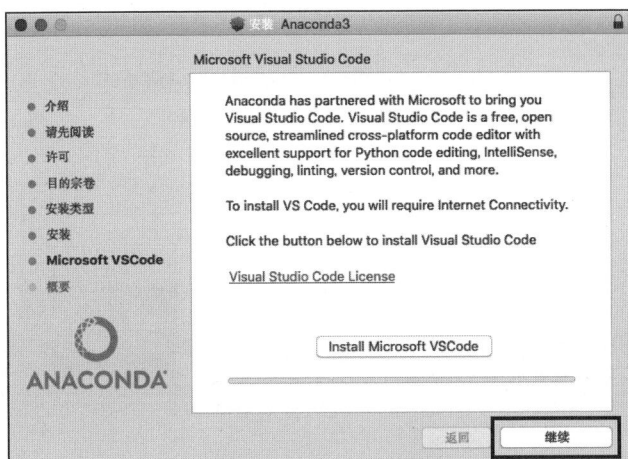

图 A-13　安装结束界面

安装结束后，图 A-14 所示的界面里新增了"Anaconda-Navigator.app"，单击这个启动。

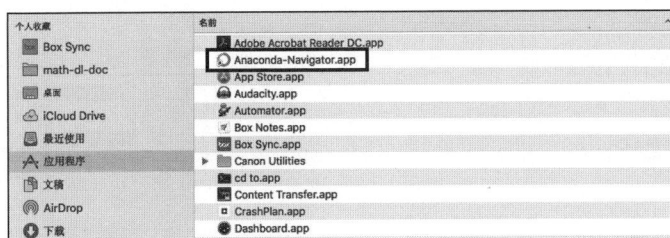

图 A-14　启动 Anaconda

在图 A-15 所示的画面里单击默认的"Ok, and don't show again"按钮。

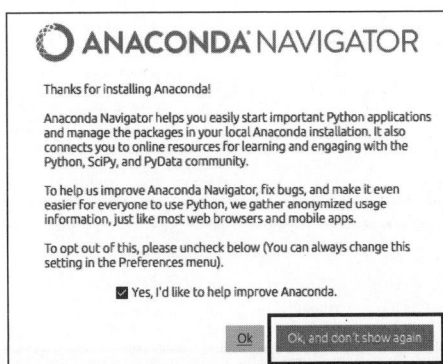

图 A-15　Anaconda 启动界面

出现如图 A-16 所示的 Navigator 界面，单击"Jupyter Notebook"下的"Launch"按钮。

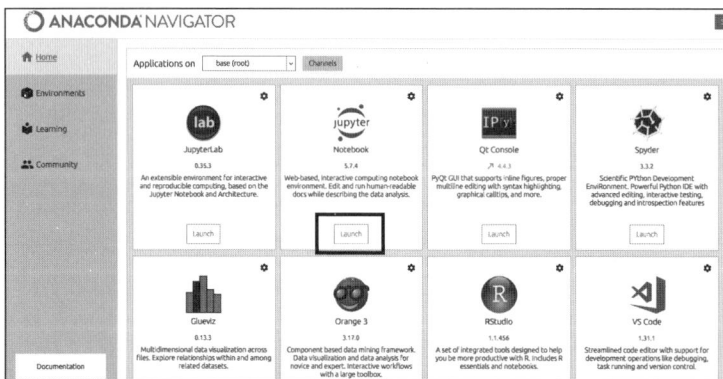

图 A-16　Anaconda 界面

图 A-17 是 Jupyter Notebook 的初始界面。文件是以树形结构表示的，指定文件夹，选择扩展名为 ipynb 的文件，就读入了 Notebook 文件。

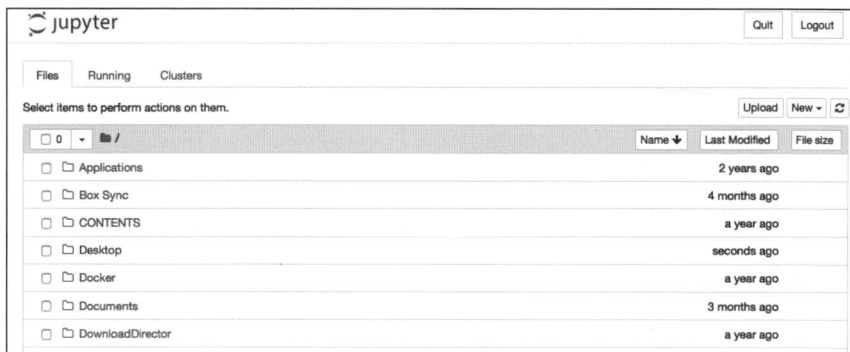

图 A-17　Jupyter Notebook 初始界面

关于 Jupyter Notebook 的操作细节，请参考其他资料。基本的操作是把选中要执行的方框（叫作单元）并按 Shift + Enter 快捷键，然后单击工具栏的"Run"图标，就执行这个单元的程序，选中的单元前进一格。反复按 Shift + Enter 快捷键，Notebook 上的单元就都执行了。